普通高等教育"十三五"规划教材

生物化学实验指导

第 2 版

张 桦 主编

U0259725

中国农业大学出版社

·北京·

内 容 简 介

本书主要介绍了适合高等院校农科和理工科专业学习的基础生物化学实验。全书共 5 章，第一章介绍实验室安全知识，第二章到第五章是 39 个实验内容，按照配套教材《生物化学》的知识体系选编完成，包括基础性实验、综合性实验和设计性实验，并在各实验后附有思考题，以便于进一步理解实验内容。最后是附录，选择了生物化学实验常用的数据和试剂配制方法供参考。

本书可作为高等院校农科和理工科专业本科生和研究生学习生物化学实验课的教材，也适合作为从事生命科学教学和科研工作人员的参考书。

图书在版编目(CIP)数据

生物化学实验指导/张桦主编. —2 版. —北京：中国农业大学出版社，2020.3(2024.6 重印)

ISBN 978-7-5655-2337-3

Ⅰ.①生… Ⅱ.①张… Ⅲ.①生物化学-化学实验-高等学校-教学参考资料 Ⅳ.①Q5-33

中国版本图书馆 CIP 数据核字(2020)第 045173 号

书　　名　生物化学实验指导　第 2 版	
作　　者　张　桦　主编	
策划编辑　赵　艳　潘晓丽	责任编辑　潘晓丽
封面设计　郑　川	
出版发行　中国农业大学出版社	
社　　址　北京市海淀区圆明园西路 2 号	邮政编码　100193
电　　话　发行部 010-62733489,1190	读者服务部 010-62732336
编辑部 010-62732617,2618	出　版　部 010-62733440
网　　址　http://www.caupress.cn	E-mail cbsszs@cau.edu.cn
经　　销　新华书店	
印　　刷　北京鑫丰华彩印有限公司	
版　　次　2020 年 3 月第 2 版　2024 年 6 月第 3 次印刷	
规　　格　787×980　16 开本　14.75 印张　270 千字	
定　　价　39.00 元	

图书如有质量问题本社发行部负责调换

第 2 版编写人员

主　　编　张　桦（新疆农业大学）

副主编　任燕萍（新疆农业大学）
　　　　王希东（新疆农业大学）

参　　编　（按姓氏笔画排序）
　　　　马　丽（新疆农业大学）
　　　　王　波（新疆农业大学）
　　　　代培红（新疆农业大学）
　　　　任雪艳（陕西师范大学）
　　　　刘　超（新疆农业大学）
　　　　刘晓东（新疆农业大学）
　　　　苏豫梅（新疆农业大学）
　　　　李　月（新疆农业大学）
　　　　李鸿彬（石河子大学）
　　　　张　霞（新疆农业大学）
　　　　姚正培（新疆农业大学）
　　　　夏木斯亚·卡坎（新疆农业大学）
　　　　倪志勇（新疆农业大学）
　　　　葛　杰（新疆农业大学）

第1版编写人员

主　编　张　桦

副主编　李鸿彬　王希东

参　编（按姓氏笔画为序）

代培红　任雪艳　任燕萍　刘晓东

刘　超　李　月　苏豫梅　姚正培

倪志勇　夏木斯亚·卡坎　葛　杰

第2版前言

教育是国之大计,党之大计。教育大计,教材为基。《生物化学实验指导》第1版于2014年8月出版。近年来生物化学与分子生物学发展迅速,出现了大量的技术与方法的革新,生物化学实验室安全与管理也更受重视,对实验指导的内容提出了新的要求。我们在第1版的基础上进行了修订,本次修订对原有各章内容均有修改,第一章更改为实验室安全知识;第二章修改了实验七;第三章修改了实验三的部分内容;第四章修改了实验二,删去了实验六;第五章删去了实验一,修改了实验四、实验五、实验八,增加了实验十、实验十一、实验十二;附录部分也进行了相应修改。所选内容覆盖了生物化学与分子生物学的基本实验,内容编排更适合教学需要。

《生物化学实验指导》第2版由从事生物化学教学的老师共同编写完成。第一章由任燕萍、王希东、马丽编写;第二章由姚正培编写实验一至实验五,葛杰编写实验六至实验八和实验十,任雪艳编写实验九,李鸿彬编写实验十一;第三章由李鸿彬编写实验一和实验二,夏木斯亚·卡坎编写实验三至实验五,苏豫梅编写实验六至实验九;第四章由代培红编写实验一至实验四,刘超编写实验五至实验七;第五章由刘晓东编写实验一、实验二和实验四,倪志勇编写实验三、实验八和实验九,李月编写实验五至实验七,张霞编写实验十,王波编写实验十一和实验十二;附录部分由任燕萍编写;全书由张桦总纂和统稿。

尽管我们在编写过程中尽力认真完善,但是纰漏之处在所难免,恳请读者批评指正。

编　者

2024 年 6 月

第 1 版前言

生命科学的发展在 21 世纪突飞猛进,生物化学作为生命科学各专业的基础课程,也是一门重要的实验科学,在生物学科中的地位十分重要。为了紧跟生物科技的发展,也为在生命科学领域培养创新型、高技术人才,我们结合多年在生物化学课程实践教学和改革的经验,编写了这本实验指导。

本实验指导介绍生物化学技术的基本原理,希望能适应学科发展的需要,力求具有科学性、系统性和启发性。本书第一章介绍生物化学实验的基本原理和方法,第二章至第五章共 38 个实验,其中蛋白质和氨基酸类实验 11 个,酶学实验 9 个,糖、脂代谢类实验 8 个,核酸类实验 10 个,附录中列出了实验室基本操作和常用数据及常用试剂的配制,基本包括了基础生物化学课程的教学内容。本书适合作为农学和理学学科的本、专科生实验教材,同时也可作为研究生和科研人员的参考资料。

本实验指导由新疆农业大学和石河子大学从事生物化学教学的老师共同编写完成。第一章由石河子大学李鸿彬和任雪艳编写。第二章由新疆农业大学姚正培编写实验 1~5,葛杰编写实验 6~8 和实验 10,石河子大学任雪艳编写实验 9,李鸿彬编写实验 11。第三章由石河子大学李鸿彬编写实验 1~2,新疆农业大学夏木斯亚·卡坎编写实验 3~5,苏豫梅编写实验 6~9。第四章由新疆农业大学代培红编写实验 1~4,刘超编写实验 5~8。第五章由新疆农业大学刘晓东编写实验 1~3 和实验 5,倪志勇编写实验 4 和实验 9~10,李月编写实验 6~8。附录部分由新疆农业大学任燕萍编写。全书由张桦和王希东总纂、统稿。

尽管我们在编写过程中尽力认真完善,但是纰漏之处在所难免,希望读者批评指正。

编　者
2014 年 7 月

目　　录

第一章　实验室安全知识 …………………………………………………………… 1

第一节　实验室管理制度 ……………………………………………………… 2

第二节　实验室安全基本知识 ………………………………………………… 4

第三节　试剂使用安全 ………………………………………………………… 6

第四节　仪器设备使用安全 …………………………………………………… 10

第五节　实验室意外对策 ……………………………………………………… 15

第二章　蛋白质与氨基酸类实验 …………………………………………………… 20

实验一　蛋白质和氨基酸的呈色反应 ……………………………………… 20

实验二　蛋白质的等电点测定 ……………………………………………… 31

实验三　蛋白质的沉淀反应 ………………………………………………… 38

实验四　蛋白质定量测定 …………………………………………………… 41

实验五　脯氨酸含量测定 …………………………………………………… 53

实验六　氨基酸纸层析 ……………………………………………………… 56

实验七　牛乳中酪蛋白制备与鉴定 ………………………………………… 59

实验八　SDS-PAGE 电泳测定蛋白质相对分子质量 ……………………… 61

实验九　血清免疫球蛋白 IgG 的分离纯化 ………………………………… 65

实验十　胰蛋白酶抑制剂的分离纯化和活性测定 ………………………… 67

实验十一　蛋白质的双向电泳 ……………………………………………… 71

第三章　酶类与维生素和辅酶实验 ………………………………………………… 77

实验一　酶的基本性质 ……………………………………………………… 77

实验二　马铃薯多酚氧化酶的制备及性质分析 …………………………… 82

实验三　同工酶聚丙烯酰胺凝胶电泳分析 ………………………………… 85

实验四　丙二酸对琥珀酸脱氢酶的竞争性抑制作用 ……………………… 90

实验五　脲酶米氏常数的测定 ……………………………………………… 93

实验六　植物组织中抗氧化酶的活性测定 ………………………………… 96

实验七　酵母蔗糖酶的粗提及活力和比活力分析 ………………………… 105

实验八　糖化酶的固定化及酶学性质分析 ………………………………… 109

　　实验九　果蔬维生素 C 的提取和定量测定 ……………………………… 118

第四章　糖、脂类及代谢实验 ……………………………………………… 122

　　实验一　发酵过程中无机磷的利用 …………………………………… 122

　　实验二　总糖和还原糖的测定 ………………………………………… 124

　　实验三　可溶性糖的分离提取与薄层层析鉴定 ……………………… 129

　　实验四　天然产物中多糖的分离纯化与鉴定 ………………………… 133

　　实验五　脂类的测定 …………………………………………………… 138

　　实验六　卵磷脂的提取和鉴定 ………………………………………… 147

　　实验七　丙二醛含量的测定 …………………………………………… 148

第五章　核酸类实验 ………………………………………………………… 153

　　实验一　核酸含量的测定 ……………………………………………… 153

　　实验二　酵母 RNA 的提取和组分鉴定 ……………………………… 161

　　实验三　植物基因组 DNA 提取 ……………………………………… 163

　　实验四　动物基因组 DNA 提取 ……………………………………… 166

　　实验五　质粒 DNA 提取 ……………………………………………… 171

　　实验六　核酸的琼脂糖凝胶电泳 ……………………………………… 175

　　实验七　植物总 RNA 的提取和电泳分析 …………………………… 178

　　实验八　核酸的酶切分析 ……………………………………………… 182

　　实验九　PCR 技术 ……………………………………………………… 185

　　实验十　反转录 PCR …………………………………………………… 187

　　实验十一　半实量 PCR ………………………………………………… 191

　　实验十二　实时荧光定量 PCR ………………………………………… 193

附录 …………………………………………………………………………… 198

　　附录一　生物化学实验各类样品制备 ………………………………… 198

　　附录二　实验的基本操作和要求 ……………………………………… 200

　　附录二　常用试剂的配制与保存 ……………………………………… 203

　　附录四　实验室常用数据表 …………………………………………… 211

　　附录五　分子生物学与基因工程常用试剂及数据表 ………………… 214

参考文献 ……………………………………………………………………… 225

第一章　实验室安全知识

　　实验室是学校进行人才培养的重要场所,是培养学生动手能力、实验实践能力和创新意识的基础环境,几乎所有理工科、农科学生都在实验室中从事过相关的科研训练。众所周知,高校实验室经常使用种类繁多的化学药品、易燃易爆物品以及毒害物品,不少实验需要在高温、高压或者超低温、真空、微波、辐射和高转速等特殊环境下进行。同时,高校实验室又具有使用频繁、人员集中且流动性大的特点,因此,高校实验室安全事故时有发生。安全意识淡薄是导致实验室安全事故发生的重要原因,通常个人不安全行为和失误导致的事故占据较大比重。据相关统计数据显示,实验室安全事故中由于学生人为引起的事故比例占到98%。由此可见,人在事故发生和预防中起着决定性的作用。

　　实验室安全教育是实验室安全管理的重要内容,是保障高校实验室安全的重要措施和关键所在。围绕实验室安全建设开展相关的教育、考核、宣传以及培训工作,可以有效帮助学生掌握实验室基本安全常识,运用所学系统的安全知识在试验和科学研究中熟练应用安全技能,提高对实验室安全的认识和安全素质,是防止各类事故发生的最重要因素,也是落实高校"安全第一,预防为主"安全管理方针的具体体现。同时,重视及加强系统、科学的实验室安全教育体系建设是教学、科研正常运行的重要保障,是确保高校实验室安全的有效手段和长效机制。为了使学生和实验室工作人员更好地学习、掌握实验室安全方面的基础知识,本章结合大学实验室特点,从用水安全、用电安全、用火安全、试剂使用安全、废物处理、实验室意外对策等方面介绍实验室安全基本知识,力求内容简明扼要,针对性和可操作性强。

　　要清楚在安全问题上绝不允许存在漫不经心的态度:在进实验室之前必须知道可能会出现哪些危险事故,最严重可能会出现什么安全问题,如何预防危险发生,如何安全使用仪器设备,如何正确进行试剂操作,一旦出现危险时该怎么做才能把危险降到最低。

第一节　实验室管理制度

一、实验档案管理

高校实验室安全档案是高校实验室安全工作的原始记录,在安全工作中发挥着重要的价值和作用。实验室安全档案的建立主要由专职实验人员、实验教师、实验学生三方共同完成。生化实验开课前,每位学生须通过实验室安全培训与考核系统在线自学并考试;实验课上,实验教师再次对获得准入的学生进行课前安全培训,并做好《实验室安全培训记录》,专职实验人员、实验教师、实验学生三方共同签订《实验室安全责任书》,最终由专职实验人员收集后分别装订成册。实验教师还需根据实验内容填写《多媒体课件拷贝至电脑记录》《实验记录单》《仪器设备使用记录》《危险化学品使用记录》《三关一锁检查记录》等。实验课程结束后,由专职实验人员收集实验报告册、实验成绩单等,按班装订成册后存入学院教学库。

二、实验过程管理

1. 实验室安全纪律要求

(1)进入实验室工作期间必须穿专用白大褂并系好扣子,必要时穿防护服,戴防护手套、防护镜、头部保护罩等。

(2)留长发的同学必须将头发盘起。

(3)严禁在实验室内追跑打闹。

(4)严禁在实验楼内进食、烹煮食物、吸烟等。

(5)穿着实验服或戴实验手套,不得随意出入非实验区。不得戴手套随意开门柄、接听电话、使用电脑等。

(6)严禁在实验室留宿、存放个人物品,不得在实验室内从事与实验无关的任何事情。

(7)实验结束后需收拾、清洁台面、洗手。

(8)不得将实验室有毒(或可疑有毒)物品带入实验室以外的办公及生活场所。

(9)遇到问题,不知如何处理时,一定立即向知情同学请教或老师汇报,不能擅自处理。

2. 课程要求

(1)不迟到,不早退,并固定实验座位。

（2）进入实验室后请保持安静，不乱动实验台上的仪器、试剂等。

（3）实验前认真听老师讲解实验原理、实验步骤，认真看老师演示操作，认真记录实验中需注意的问题。遵守实验操作规程认真操作。细心观察实验现象，认真记录实验数据，做出结论，最后完成实验报告。

（4）小心使用仪器和实验设备，爱护公物。注意节约用水、电、药品和实验耗材等。

（5）实验试剂用完立即盖严并放回原处。仪器设备擦拭干净，玻璃器皿清洗干净并放回原处，请保持实验室、实验台面、实验物品整洁干净。

（6）无毒无害固体废弃物必须弃于垃圾桶中。有毒有害废弃物须进行分类收集与存放，贴好标签，盖紧盖子，及时交由专职实验人员后送学校中转站或收集点。

（7）实验结束后，仔细检查大小仪器是否关闭，尤其注意水浴锅、烘箱、高压蒸汽灭菌锅等大功率电器。除了工作需要或必须通电的仪器设备外，请关断电源、水源、气源等，及时锁好门窗。

（8）实验结束后及时打扫卫生，要求实验室物品摆放有序、规范、整洁，无杂物堆积，实验台面、桌面、仪器设备无尘土，地面无积水、纸屑和烟头等垃圾，并清空垃圾桶。

3. 试剂使用规则

（1）仔细辨认试剂标签，看清名称及浓度。

（2）取出试剂后，立即将瓶塞盖好，放回原位；未用完的试剂不可倒回原瓶。

（3）使用移液管量取试剂时，只能用吸耳球吸取，切勿用嘴吸取，以免造成意外。

（4）在使用剧毒品、易燃易爆品、易制毒品等时，须全面准确地掌握试剂的危险性，征得实验教师同意方可操作。

4. 玻璃器皿的一般清洗方法

实验中所使用的玻璃器皿清洁与否直接影响实验结果。由于器皿的不清洁或被污染往往造成较大的实验误差，甚至会出现相反的实验结果。因此，玻璃器皿的洗涤清洁工作是非常重要的。

（1）初用玻璃器皿的清洗：新购买的玻璃器皿表面常附着有游离的碱性物质，先用肥皂水（或去污粉）洗刷，再用自来水洗净，然后浸泡在1‰～2‰的盐酸溶液中过夜（不少于4 h），再用自来水冲洗，最后用蒸馏水冲洗2～3次，在100～130℃烘箱内烘干备用。

（2）一般玻璃仪器：如试管、烧杯、锥形瓶等，先用自来水洗刷后，用洗衣粉刷洗，再依次用自来水、蒸馏水充分冲洗后干燥备用。

（3）比色皿：注意保护好透光面，用完立即用自来水、蒸馏水充分冲洗。洗不净时，用稀盐酸或适当溶剂冲洗。避免用碱液或强氧化剂清洗，切忌用试管刷或粗糙布(纸)擦拭。

（4）上述所有玻璃器材洗净(以倒置后器壁不挂水珠为干净的标准)后，根据需要晾干或烘干。

5.其他常识

（1）量瓶是量器，不要用量瓶作盛器。带有磨口玻璃塞的量瓶等容器的塞子，不要盖错。带玻璃塞的容器和玻璃瓶等，如果暂时不使用，要用纸条把瓶塞和瓶口隔开。

（2）洗净的容器要放在架上或干净纱布上晾干，不能用抹布擦拭，更不能用抹布擦拭容器内壁。

（3）不要用纸片覆盖烧杯和锥形瓶等。

（4）不要用滤纸称量药品，更不能用滤纸做记录。

（5）标签纸的大小应与容器相称，或用大小相当的白纸，绝对不能用滤纸。标签上要写明物质的名称、规格和浓度、配制的日期及配制人。标签应贴在试剂瓶或烧杯的 2/3 处，试管等细长形容器则贴在上部。

（6）使用铅笔写标记时，要写在玻璃仪器的磨砂玻璃处。如用玻璃蜡笔或油性笔，则写在玻璃容器的光滑面上。

（7）取用试剂和标准溶液后，需立即将瓶塞严，放回原处。取出的试剂和标准溶液，如未用尽，切勿倒回瓶内，以免带入杂质。

（8）凡是发生烟雾、有毒气体和有臭味气体的实验，均应在通风橱内进行。橱门应紧闭，非必要时不能打开。

（9）使用贵重仪器如分析天平、分光光度计、酸度计、冷冻离心机等，应十分重视，加倍爱护。使用前，应熟知使用方法。若有问题，随时请指导实验的教师解答。使用时，要严格遵守操作规程。发生故障时，应立即关闭仪器，并告知管理人员，不得擅自拆修。

第二节　实验室安全基本知识

一、实验室用水安全

水是实验室内一个常常被忽视而又至关重要的试剂，不同的实验对水的要求不同。同时，实验室用水是实验分析质量控制的一个重要因素，影响到试验空白值及分析方法的结果,尤其是微量分析对水质量有更高的要求,因此,实验人员对用水级别、规格应当了解,以便正确选用。同时,还应知道对特殊要求的水质进行特殊处理的方法。

实验室用水一般要求水必须有一定的纯度。水的纯度指水中杂质的多少,从这个角度出发,可以将水分为源水、纯水、高纯水3类。源水又称常水,指人们日常生活用水。纯水是将源水经预处理除去悬浮物、不溶性杂质后,用蒸馏法或离子交换法进一步纯化达到一定纯度标准的水。高纯水是以纯水为水源,再经离子交换、膜分离除去盐及电解质,使纯水电解质几乎完全除去所得到的水。可根据不同实验需要而选择不同纯度级别的水。

自来水是实验室用得最多的水,一般器皿的清洗、真空泵中用水、冷却水等都是用自来水。如果使用不当,就会造成麻烦,比如与电接触。实验室用水需定期检查冷却水装置的连接胶管接口和老化情况,及时更换,以防漏水。水龙头或水管漏水、下水道堵塞时,应及时联系报修、疏通。杜绝自来水龙头打开而无人监管的现象,要牢记:人离开,要关水。不得向水槽中丢弃沸石、棉签、枪头、培养基等废弃物,以免堵塞下水口。需在无人状态下用水时,要做好预防停水、漏水的应急准备。

二、实验室用电安全

按规范选择合理的仪器设备安装位置,保持必要的安全间距。加强仪器设备的维护、保养、维修,保持仪器设备的正常运行,如保持仪器设备的电压、电流等参数不超过允许值,保持仪器设备足够的绝缘能力,保持仪器设备连接良好等。人离开实验室,一律检查仪器设备并关断电源。如有必须通电的仪器设备需安排专人值班,并落实相应技术防范措施和应急处置预案。

实验室电容量、插头插座与用电设备功率需匹配,不得私自改装。电源插座须固定,不能私自乱拉乱接电线电缆,不使用老化的线缆、花线和木质配电板。禁止多个接线板串接供电,接线板不宜直接置于地面。电线接头绝缘可靠,无裸露连接线,地面上的线缆应有盖板或护套。大功率仪器(如高压蒸汽灭菌锅、干燥箱、培养箱、空调等)应使用专用插座,不可使用接线板,用电负荷需满足要求。仪器设备长期不用时,应切断电源。手上有水或潮湿时,请勿接触仪器设备,以防止发生触电。

仪器设备由于操作不当、绝缘损坏等原因产生电弧或电火花时,就会引起火灾或爆炸。倘若事故不可避免地发生了,现场急救是十分关键的,抢救触电者应设法迅速切断电源,使其脱离电源后,应立即就近将其转移至干燥通风场所,不要慌乱和围观。然后应进行情况判别,再根据不同情况进行对症救护。

三、实验室用火安全

实验室发生的火灾主要有易燃易爆品引发的火灾,明火加热设备(如酒精灯、酒精喷灯、干燥箱、电炉等)引发的火灾,仪器设备发生过载、短路、断线、接点松动、接触不良、绝缘下降等故障产生电热和电火花引燃周围可燃物引发的火灾,违反操作规程引起的火灾等。

严格执行各类操作规程是做好实验室防火工作的最基本、最可靠的手段。实验室要根据专业实验性质,在积累经验的基础上,建立科学的实验安全操作规程。实验人员应熟悉所使用物质的性质、影响因素与正确处理事故的方法,了解仪器设备结构、性能、安全操作条件与防护要求,严格按规程操作。如严禁在开口容器或密闭体系中用明火加热有机溶剂,不得在烘箱内存放、干燥、烘焙有机物,禁止在实验室吸烟或使用明火,禁止乱拉电线,定期检查消防器材,未经许可,禁止擅自移动。

四、废弃物处理

实验产生的危险化学废弃物以及过期不再使用的危险化学品不能随意丢弃和排放,应按照一定程序妥善处理,否则不但会污染环境,也可能造成严重的安全事故,如易燃化学品倾倒入排水槽,极易引发火灾。

一般化学废液的收集应使用专用的收集桶或旧试剂瓶,容器上应有清晰的标签,应注明该废液的名称、组成、浓度、日期及该溶液废弃人姓名等信息。桶口、瓶口要能良好密封,并暂时存放于实验室较阴凉并远离火源和热源的位置。积存到一定量时应及时联系相关单位,统一处理。

第三节　试剂使用安全

许多危险化学品不仅具有易燃易爆性,而且还具有毒害性、腐蚀性。化学品毒性可通过皮肤吸收、消化道吸收和呼吸道吸收等 3 种方式对人体健康产生危害。掌握正确的使用方法,避免误接触或误食等能使前两种方式的中毒概率降到最低。而对于通过呼吸道吸收的毒物,一方面,应从改进实验方式来降低有害物质在空气中的浓度;另一方面,需做好个人防护措施,同时保持室内空气新鲜。

一、危险化学品常识

1. 危险化学品的定义

危险化学品是指具有毒害、腐蚀、爆炸、燃烧、助燃等性质,对人体、设施、环境具有危害的剧毒化学品和其他化学品。要防止危险化学品的危害,应全面了解其化学性质及使用注意事项,应严格遵守并按照产品说明操作。对于学生实验的危险性,指导教师要全面准确地掌握,并给予指导,在进行与剧毒品、易燃易爆品、易制毒品相关实验时,指导教师不得离开现场。

2. 危险化学品的分类

虽然许多危险化学品对人体或环境等构成了中毒、火灾、爆炸等潜在危害,但只要正确地了解与掌握化学品的特性,加强安全与防护措施,就一定能大大减少其危害性,下面列举几类危险化学品。

(1)易燃易爆固体试剂:这类试剂具有易于燃烧和爆炸的特性。遇水燃烧爆炸的,如金属态的钾、钠、锂、钙等。与空气发生强烈的氧化作用而引起燃烧的,如金属铈粉、黄磷等。因其引火点低,受热、冲击、摩擦或与氧化剂接触能引起急剧燃烧,甚至发生爆炸的,如赤磷、镁粉、锌粉、铝粉等。

(2)易燃液体试剂:极易挥发成气体,遇火即燃烧,如石油醚、二氯乙烷、乙醚、丙酮、苯、甲醇、乙醇等。

(3)强氧化性试剂:是过氧化物或是含有强氧化能力的含氧酸及其盐,如高氯酸及其盐、高锰酸及其盐、重铬酸及其盐(重铬酸钾)、五氧化二磷等。在适当条件下可放出氧发生爆炸,使用此类物质时,环境温度不能高于 $30^{\circ}C$,通风要良好。

(4)毒害性试剂:专指少量侵入人体就能引起局部或整个机体功能发生障碍,甚至造成死亡的试剂。无机剧毒品,如氰化钾、氰化钠及其他剧毒氰化物,砷及砷化物,硒及硒化物,金属铊、铍、铍、汞等及其化合物。有机剧毒品,如有机磷、有机汞、有机硫及有机腈化合物,生物碱中的马钱子碱、毒芥等。

(5)腐蚀性试剂:对人体、金属和其他物品能因腐蚀作用而发生破坏现象,甚至引起燃烧、爆炸和伤亡的液体和固体试剂,如发烟硝酸、发烟硫酸、盐酸、氢氟酸等。

(6)低温存放试剂:这类试剂需要低温存放才不致聚合、变质,或发生其他事故,属于这一类的有苯乙烯、丙烯腈、甲醛等。

3. 危险化学品标志

常用危险化学品标志由《常用危险化学品的分类及标志(GB 13690—92)》规定,该标准对常用危险化学品按其主要危险特性进行了分类,并规定了危险品的包装标志,既适用于常用危险化学品的分类及包装标志,也适用于其他化学品的分类和包装标志。常见的危险化学品标志见图1-1。

图 1-1　常见危险化学品标志

二、实验室常见危险化学品的危险特性及安全防护

1.常见危险化学品的毒性

下面列举几种实验室常见危险化学品的化学毒性。

(1)甲醛(福尔马林):毒性大,致癌,腐蚀性,易挥发,可通过皮肤吸收。

(2)甲醇:神经麻醉作用,可引起脑水肿。

(3)丙酮:微毒类,主要对中枢神经系统有麻醉作用,能刺激眼睛。

(4)氯仿(三氯甲烷):致癌剂,易挥发,损害肝和肾。

(5)Trizol:含有苯酚,毒性和刺激性,皮肤接触后立即用大量去垢剂和水冲洗。

(6)焦碳酸二乙酯(DEPC):潜在致癌物质,吸入时毒性最强,使用时应戴口罩,并在通风橱中操作。

(7)溴化乙锭(EB):强诱变剂,嵌入碱基分子中导致错配,高致癌性。

(8)丙烯酰胺(ACR):中等毒性物质,可致癌,毒性累积,不易排毒,主要引起神经、生殖与发育的毒性。

(9)N,N-亚甲基双丙烯酰胺(BIS):有毒,影响中枢神经系统,切勿吸入粉末。

(10)过硫酸铵(APS):对黏膜、上呼吸道组织、眼睛和皮肤有极大危害性,吸入可致命。

(11)四甲基乙二胺(TEMED):强神经毒性,防止误吸,操作时应快速,存放时密封。

(12)二硫苏糖醇(DTT):吸入、咽下或皮肤吸收而危害健康。

(13)十二烷基硫酸钠(SDS):有毒,刺激性,高热分解放出有毒气体会造成眼睛的严重损伤。

(14)二甲基亚砜(DMSO):对皮肤有极强的渗透性,与蛋白质疏水基团作用,导致蛋白质变性,具有血管和肝肾毒性,吸入高挥发浓度可致头痛,晕眩。

2.危险化学品的安全防护

实验室化学试剂需有专用存放空间并科学有序存放。储藏室、储藏区、储存柜等应通风、隔热、避光、安全。有机溶剂储存区应远离热源和火源。易泄漏、易挥发的试剂保证充足的通风。试剂柜中不能有电源插座或接线板。化学品有序分类存放。配备必要的二次泄漏防护、吸附或防溢流功能。试剂不得叠放,禁忌化学品不得混存,固体、液体不混乱放置,装有试剂的试剂瓶不得开口放置。实验台架无挡板不得存放化学试剂。

大多数化学药品可通过呼吸道、消化道和皮肤进入人体而发生中毒现象。因此,使用有毒物质时,必须采取相应的预防措施。凡进入实验室人员须穿着质地合适的长袖实验服或防护服,必要时按需要佩戴防护眼镜、防护手套、安全帽、防护帽、呼吸器或面罩等,呼吸器或面罩在有效期内方可使用,不用时须密封放置。进行化学、生物安全和高温实验时,不得佩戴隐形眼镜。如进行高温、高压、高速运转等危险性实验时必须有两人在场,实验时不能脱岗,通宵实验须两人在场并有事先审批制度。

第四节　仪器设备使用安全

仪器使用者必须认真阅读仪器设备操作规程,经过培训方可上机操作。使用高压、高温、高速设备时,实验人员必须在岗看守,确保实验安全。遇到仪器发生故障,立即向管理人员报告,不得擅自处理。不得擅自挪用与公用仪器相关的辅助设备,以及实验室内的一切公用设施。下面列举几种常用仪器设备使用注意事项。

一、微量移液器

1.基本操作流程

微量移液器是用来量取 0.1 μL～10 mL 液体体积的精密仪器,是生物、化学和临床实验等分析过程中样本采集和移取的必备工具。根据需求选择相应量程的微量移液器。

(1)设定体积:遵循由大到小原则,当由大量程调至小量程时,通过调节按钮迅速调至需要量程,在接近理想值时,将微量移液器横放调至预定值。当由小量程调至大量程时,需注意旋转达到或超过预定值,回调到预定值。

(2)装枪头:将移液枪端垂直插入吸头,左右微微转动,上紧即可,如图 1-2 所示。

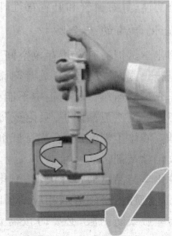

图 1-2　装枪头的错误与正确示范

（3）吸液：垂直吸液，枪头尖端需浸入液面 2～4 mm 以下。注意慢吸慢放，控制好弹簧的伸缩速度，吸液速度太快会产生反冲和气泡，导致移液体积不准确。将移液枪提离液面，停约 1 s，观察是否有液滴缓慢地流出。若有流出，说明有漏气现象，可能是枪头未上紧或者移液枪内部气密性不好。

（4）放液：将吸嘴口贴到容器内壁并保持 10°～40°倾斜，平稳地把按钮压到一档，停约 1 s 后压到二档，排出剩余液体。如排放致密或黏稠液体时，压到一档后，多等 1～2 s，再压到二档。压住按钮，同时提起移液枪，使吸嘴贴容器壁擦过。松开按钮。按弹射器除去移液嘴。

（5）使用完毕：将移液器调至最大量程，让弹簧恢复原形，延长移液枪的使用寿命。

2. 使用注意事项

（1）移液枪不得移取有腐蚀性的溶液，如强酸、强碱等。

（2）如有液体进入枪体，应及时擦干。

（3）移液枪应轻拿轻放。

（4）定期对移液枪进行校准。

二、离心机

1. 基本操作流程

离心机是利用离心力，分离液体与固体颗粒或液体与液体的混合物中各组分的常用仪器设备，按转速高低可分为低速离心机、高速离心机。其转子是离心机的重要组成部分，它由驱动系统带动，随时可装卸，是样品的负载者。在使用过程中务必注意两个平衡：重量平衡和位置平衡。

（1）开机自检：打开仪器后侧电源开关，仪器自检，几秒钟后自检完成，控制面板显示转速与时间。

（2）使用前检查：检查转子是否稳固固定、可充分旋转。

（3）离心：离心管必须配平并对称放置，旋紧转子盖后关闭仪器上盖，设定转速与时间，按开始键离心。

（4）取出离心管：离心结束，打开上盖，旋开转子盖，取出离心管。

（5）关机：关闭离心机电源，将上盖内部擦拭干净后关闭上盖。

（6）拔掉仪器电源线插头：使用仪器结束后将仪器电源线插头从插座中拔下。

2. 使用注意事项

（1）离心管必须用天平严格配平。

（2）使用前后务必保持离心机上盖、内部及周围区域清洁。

（3）若转速无法升高或噪声较大，检查配平情况及转子内是否有液体存留。

（4）切勿使液体流入转子内或离心机内，如有流入应立即清理干净。

（5）若发现仪器有异常情况，应及时通知实验室负责人进行相应处理。

三、高压蒸汽灭菌锅

1. 基本操作流程

高压蒸汽灭菌锅是利用电热丝加热水产生蒸汽，并能维持一定压力的装置。主要有一个可以密封的桶体、压力表、排气阀、安全阀、电热丝等组成。高压蒸汽灭菌适合于一切微生物学实验室、医疗保健机构和发酵工厂中对培养基及多种器材、物品的灭菌。

（1）开盖：向右转动手轮数圈，直至转到顶，使盖充分提起，拉起左立柱上的保险销，推开横梁，移开锅盖。

（2）通电：接通电源，打开控制面板上的电源开关，此时欠压蜂鸣器响，显示本机锅内无压力。

（3）加水：根据控制面板上水位显示注入或排出水量。需注入水量时，将纯水直接注入锅内，观察控制面板上高水位灯，高水位灯亮时方可停止加水，当水过多应开启下排水阀放去多余水。

（4）放需灭菌的物品：将需灭菌的培养基、蒸馏水或其他器皿放入灭菌筐内，应留有一定间隙，这样有利于蒸汽穿透，提高灭菌效果。

（5）盖上锅盖：将手轮向左旋转数圈，使锅盖向下压紧锅体，以确保密封开关处处于接通状态。当连锁灯亮时，显示容器密封到位。

（6）设定温度和时间：按一下确认键，按动增加键，将温度设定在121℃，再按动一下确认键，按动增加键，设定时间为15～20 min，最后再按确认键，温度和时间设定完毕。

（7）灭菌：第（6）步结束后，进入自动灭菌程序，当锅内压力达到约0.03 MPa时，欠压蜂鸣器停止蜂鸣，压力灯亮，随温度升温，当灭菌室内到达所设定温度，加热灯灭，自动控制系统开始进行灭菌倒计时，并在控制面板上的设定窗内显示所需灭菌时间。

（8）灭菌结束：关电源，将排汽排水阀向左旋转，排除蒸汽，当压力表上压力指示针指到0时，方可启盖取出灭菌物品。

2. 使用注意事项

（1）堆放灭菌物品时，严禁堵塞安全阀和放气阀，必须留出空位保证其空气畅通,否则易造成容器爆裂。

(2)灭菌液体时,盛液不超过容器的 3/4。

(3)针对不同灭菌指标的物品,不能一起灭菌。

(4)灭菌结束,若压力表指示针已经回复零位,而锅盖不易开启时,可将放气阀置于放气位置,使外界空气进入锅内,真空消除后,方可开盖。

(5)压力表使用日久后,压力指示灯不正确或不能回复零位,应及时予以检修。

(6)经常保持设备的清洁与干燥,可以延长其使用寿命,橡胶密封圈使用日久会老化,应定期更换。

四、超净工作台

1.基本操作流程

超净工作台是利用紫外灯发出的紫外线来实现杀菌消毒功能,再通过风机将空气吸入预过滤器,经由静压箱进入高效过滤器过滤,将过滤后的空气以垂直或水平气流的状态送出,使操作区域达到百级洁净度,保证生产对环境洁净度的要求。需提前 30 min 打开台内紫外灯杀菌后,再打开风机。

2.使用注意事项

(1)紫外杀菌时,建议房间内不能有人,避免直视光源。如果裸露的肌肤被这类紫外线灯照射,轻者会出现红肿、疼痒、脱屑;重者甚至会引发癌变、皮肤肿瘤等。同时,它也是眼睛的"隐形杀手",会引起结膜、角膜发炎,长期照射可能会导致白内障。

(2)使用紫外灯时,工作台面上不要存放不必要的物品,以保持工作区内的洁净气流正常流动,不受干扰。

五、鼓风干燥箱

1.基本操作流程

鼓风干燥箱又名"烘箱",是采用电加热方式进行鼓风循环干燥试验,是通过循环风机吹出热风,保证箱内温度平衡,主要用来干燥样品,也可以提供实验所需的温度环境。使用时,把需干燥处理的物品放入干燥箱内,关好箱门,设置需要的工作温度。使用结束后关闭电源开关,取出物品。如果运行温度过高,务必等到设备冷却以后再取出物品。

2.使用注意事项

(1)不得放入易燃、易爆、易挥发及产生腐蚀性的物质进行干燥。

（2）不得触摸产品在 80℃ 以上高温工作时的箱门、视察窗及周围表面，以防烫伤。

（3）不得将手或物品插入进风口或出风口。

六、微波炉

1.基本操作流程

微波炉由电源、磁控管、控制电路和烹调腔等部分组成，可加热食物等。把需加热的物品放入微波炉内，关好门，设置需要的工作温度、时间等条件。使用结束后关闭电源开关，并戴棉线手套取出加热后的物品，以免烫伤。

2.使用注意事项

微波炉运转时，人需保持 1 m 以上的距离，切忌用眼睛观察运转情况，以免受到微波等的损害。加热结束后，戴好防护手套再取出加热后的物品。不可将金属容器和带金银边的器皿放入炉中加热，应选择耐热玻璃制品、陶瓷制品或微波炉专用盛器。

七、冰箱与冰柜

使用注意事项

（1）储存在冰箱内的容器应标明内装物品的名称、日期和储存者。

（2）不能放置易燃物品。

（3）应定期除霜及清洁，清理出破碎的物品，清理时应戴厚橡胶手套，必要时进行面部防护。

八、电子天平

1.基本操作流程

（1）调平：使用天平前应首先检查气泡是否在水平仪的中央，必要时调节调平螺丝直至水平。

（2）预热：天平在初次接通电源或长时间断电后开机时，必须预热 30 min 以后方可称量。

（3）称量：按下开关键，接通显示器，等待仪器自检，当显示器显示零时，放置称量纸，去皮后称量所需物品。称量完毕后，关断显示器。

2.使用注意事项

（1）电子天平应远离磁场。

（2）天平在挪动位置或故障修复后均需重新进行校准。

（3）电子天平不能直接称取过冷、过热、腐蚀性物品。

（4）无论任何时候切勿让风吹入称样室内。

（5）时刻保持称样室与称样盘的清洁，用柔软的毛刷将天平内的杂物清理干净。

九、分光光度计

1.基本操作流程

（1）预热仪器：为使测定稳定，将电源开关打开，使仪器至少预热 15 min。

（2）选定波长：根据实验需要，转动波长调节器，使指针指示所需要的波长。

（3）调节 $T=100\%$：将对照比色皿放入比色皿架第一格内，测定样品比色皿放入其他格内，盖上暗箱盖子，选择透光度，使透光度 $T=100\%$。

（4）测定：轻轻拉动比色皿座架拉杆，使测定样品比色皿进入光路，此时显示框读数为吸光度。

（5）关机：读数后，切断电源，将比色皿去除洗净。

2.使用注意事项

（1）仪器应放在稳定的地方，以防受震动的影响，避免受太阳光的直射及气流的干扰。

（2）根据波长选择不同材质比色皿，350 nm 以上选用玻璃比色皿，350 nm 以下选用石英比色皿。

（3）向比色皿中加样时，若样品流到比色皿外壁时，应以擦镜纸擦拭干净。

（4）测量结束后比色杯应用蒸馏水清洗干净后存放。若比色杯内有颜色挂壁可用无水乙醇浸泡清洗。

第五节　实验室意外对策

一、实验室急救药箱

1.急救药箱简介

每层实验楼道均应配有轻便小巧、配置齐全的急救药箱，在应急救助时发挥着重要作用，主要有棉签、棉球、手套、口罩、纱布、绷带、胶布、创可贴、生理盐水等，有专人负责定期检查物品是否齐全，并确保药品在保质期内能正常使用。

2.急救药箱药品用途

急救药箱主要配置及用途如下：

(1)复合碘消毒棉签:用于皮肤伤口表面消毒。

(2)医用酒精消毒棉球:急救前用来给双手或钳子等工具消毒。

(3)手套、口罩:可以防止施救者被感染。

(4)无菌纱布:用来覆盖伤口。它既不像棉花一样有可能将棉丝留在伤口上,移开时,也不会牵动伤口。

(5)弹性绷带:绷带具有弹性,用来包扎伤口,不妨碍血液循环。2寸的适合手部,3寸的适合脚部。

(6)医用胶布:纸胶布可以固定纱布,由于不刺激皮肤,适合一般人使用;氧化锌胶布则可以固定绷带。

(7)创可贴:覆盖小伤口时用。

(8)0.9%生理盐水:用来清洗伤口。基于卫生要求,最好选择独立的小包装或中型瓶装的。需要注意的是,开封后用剩的应该扔掉,不要再放进急救箱。如果没有,可用未开封的蒸馏水或矿泉水代替。

(9)3%过氧化氢消毒液:皮肤伤口冲洗消毒,直接冲洗伤口部位皮肤表面,作用3~5 min。

(10)医用棉签:用来清洗面积小的出血伤口。

二、实验室消防设施

1.实验室常用灭火方式

实验室常用灭火器主要有干粉灭火器、二氧化碳灭火器和泡沫灭火器,此外还有沙土、灭火毯、水等灭火方式。根据生化实验室功能特点,实验室主要配备了干粉灭火器、二氧化碳灭火器、消防桶和灭火毯。

干粉灭火器内部装有磷酸铵盐等干粉灭火剂,这种干粉灭火剂具有易流动性、干燥性,由无机盐和粉碎干燥的添加剂组成,可有效扑救初起火灾。干粉灭火器最常用的开启方法为压把法。将灭火器提到距火源适当位置后,先上下颠倒几次,使筒内的干粉松动,然后让喷嘴对准燃烧最猛烈处,拔去保险销,压下压把,灭火剂便会喷出灭火。该方法适用于固体有机物质燃烧、液体或可溶化性固体燃烧、可燃气体燃烧。

着火仪器设备在没有良好的接地设备或没有切断电源的情况下,严禁用水扑救,因为可能造成触电或者对设备造成极大损害,应选用干粉灭火器、二氧化碳灭火器等灭火方式。如一旦发生酒精小面积着火时,可采用空气隔离法,就近选择湿毛巾、大烧杯或灭火毯迅速将燃烧物体盖住,达到隔离空气的效果来灭火。在发生火灾时,也可将灭火毯披盖在身体上,迅速逃离火场。

2.灭火根本要领

(1)窒息法:减少燃烧区域的氧气量,阻止空气注入燃烧区域或用不燃烧物质冲淡空气,使火焰熄灭。如用不燃或难燃的石棉被、湿麻袋、湿棉被等捂盖燃烧物;用沙土埋没燃烧物;往着火空间内灌入惰性气体、蒸汽;往燃烧物上喷射氮气、二氧化碳等;封闭已着火的建筑物、设备的孔洞。

(2)抑制法:使灭火剂参与到燃烧反应过程中去,中断燃烧的连锁反应。如往燃烧物上喷射干粉等消防器材的灭火剂。

(3)隔离法:使燃烧物和未燃烧物隔离,限制燃烧范围。如将火源附近的可燃、易燃、易爆和助燃物搬走;关闭可燃气体、液体管路的阀门,减少和阻止可燃物进入燃烧环境内;堵截流散的燃烧液体;拆除与火源毗连的易燃建筑和设备。

(4)冷却法:降低燃烧物的温度,使温度低于燃点,从而燃烧过程停止。如用水和二氧化碳直接喷射燃烧物,记得往火源附近未燃烧物上喷洒灭火剂,防止形成新的火点。

总之,对付不相识的火情和面对不熟悉的消防器材时,不要胆大妄为,在确保生命安全的环境下,可以利用切合现实环境的消防器材进行灭火处置,同时记得拨打火灾报警电话寻求消防员来帮助。

三、火灾报警方法

若发生了不幸事故,正确的报火警方法如下:

(1)接通电话后要沉着冷静,向接警中心讲清失火单位的名称、地址、什么东西着火、火势大小以及着火的范围。同时还要注意听清对方提出的问题,以便正确回答。

(2)把自己的电话号码和姓名告诉对方,以便联系。

(3)打完电话后,要立即到交叉路口等候消防车的到来,以便引导消防车迅速赶到火灾现场。

(4)迅速组织人员疏通消防车道,清除障碍物,使消防车到火场后能立即进入最佳位置灭火救援。

(5)如果着火地区发生了新的变化,要及时报告消防队,使他们能及时改变灭火战术,取得最佳效果。

(6)牢记 119 火警电话。

四、常见实验室事故急救措施

1.酒精起火的应急处理

在超净工作台中实验时,酒精起火,首先关闭超净工作台的风机,就近以非易燃物品(如湿抹布、大烧杯、灭火毯等)覆盖起火点,或是以自身为准,由内往外从火的侧方盖下,切莫由上方往下盖,以免灼伤自己。一旦火势严重无法控制时,须打火警电话。

2.化学药品中毒或皮肤接触的应急处理

当药品溅入口中而未下咽时,应立即吐出并用大量水冲洗口腔;如已吞咽可根据药品性质作应急处理,并立即送往医院。

(1)强酸:致命剂量为 1 mL,立即服用 200 mL 氧化镁悬浮液,或氢氧化铝凝胶、牛奶及水等,迅速将毒物稀释,然后至少再吃十几个打溶的鸡蛋作为缓和剂。

(2)强碱:致命剂量为 1 g,直接用 1%的醋酸溶液将患处冲洗至中性。迅速服用 500 mL 稀的食用醋或鲜橘子汁将其中和。

(3)误食硝酸银,可将 3～4 勺食盐溶于一杯水后服用,再服用催吐剂,或者洗胃,或者喝牛奶,接着用大量水吞服 30 g 硫酸镁。

(4)乙醇:致命剂量为 300 mL,先用自来水洗胃,除去未吸收的乙醇,然后一点点吞服 4 g 碳酸氢钠。

(5)盐酸、醋酸等触及皮肤时,立即用大量流动水反复冲洗即可。

(6)硫酸、硝酸等触及皮肤时,如量不大时,立即用大量流动水反复冲洗。如沾有大量强酸时,先用干燥软布吸掉,再用大量流动水反复冲洗,随后用稀的碳酸氢钠溶液浸洗,再用大量流动水反复冲洗后就医。

(7)氢氧化钠等触及皮肤时,立即用大量流动水反复冲洗,再用 1%硼酸溶液或 2%醋酸溶液浸洗,再用大量流动水反复冲洗。

3.烫伤的应急处理

烫伤的程度,一般分为 3 度:一度伤、二度伤和三度伤。

(1)一度烫伤:只损伤皮肤表层,局部轻度红肿、无水疱、疼痛明显。应立即脱去衣袜后,将无破损创面放入冷水中浸洗半小时。

(2)二度烫伤:是真皮损伤,局部红肿疼痛,有大小不等的水疱。大水疱可用消毒针刺破水疱边缘放水,涂上烫伤膏后包扎,松紧要适度。

(3)三度烫伤:是皮下、脂肪、肌肉、骨骼都有损伤,并呈灰或红褐色。应用干净布包住创面及时送往医院。切不可在创面上涂紫药水或膏类药物,影响疾病情况观察与处理。

如烫伤严重,不能用生冷水冲洗或者浸泡伤口,否则会引起肌肤溃烂,加重伤势,大大增加留疤的概率。严重烫伤者,在转送途中可能会出现休克或呼吸、心跳停止,应立即进行人工呼吸或胸外心脏按压。伤员烦渴时,可给少量的热茶水或淡盐水服用,绝不可以在短时间内饮服大量的开水,而导致伤员出现脑水肿。

一旦发生低温烫伤,先用凉毛巾或凉水冲一下烫伤处,以达到降温的目的,然后要及时就医,千万不要用酱油或是牙膏涂抹烫伤处,容易引起烫伤处感染。因为低温烫伤会伤及肌肤的深部,治疗的时间也会加长,治疗上也比较麻烦。创面深且严重的低温烫伤,须采用手术方法把坏死组织切除,依烫伤的程度而异,必要时接受外科治疗。

4.触电的应急处理

触电时可按下述方法之一切断电路:

(1)关闭电源。

(2)用干木棍使导线与被害者分开。

(3)使被害者和土地分离,急救时,急救者必须做好防止触电的安全措施,手或脚必须绝缘。

5.机械损伤的应急处理

受玻璃割伤及其他机械损伤时,首先必须检查伤口内有无玻璃或金属等物碎片,然后用硼酸水洗净,再擦碘酒或紫药水,必要时用纱布包扎。若伤口较大或过深而大量出血,应迅速在伤口上部和下部扎紧血管止血,立即到医院诊治。

第二章　蛋白质与氨基酸类实验

实验一　蛋白质和氨基酸的呈色反应

蛋白质中的某些化学键或氨基酸残基中的某些化学基团可以与某些特殊试剂形成特定的有色物质。这些反应称为蛋白质的呈色反应。

各种蛋白质的氨基酸残基不完全相同。因此,各种蛋白质的呈色反应产物的颜色也不完全相同。呈色反应不是蛋白质所特有,一些非蛋白物质也能呈现类似的呈色反应。因此,不能仅以呈色反应结果来判断被测物质是否为蛋白质。

本实验内容包括双缩脲反应、茚三酮反应、黄色反应、乙醛酸反应、坂口反应及米伦反应等呈色反应。

内容一　双缩脲反应

一、实验目的

(1)验证蛋白质的双缩脲反应性质。
(2)学习和掌握蛋白质双缩脲反应的原理和方法。

二、实验原理

两分子尿素经加热至180℃后,可生成双缩脲并放出一分子氨。双缩脲在碱性环境下能与 Cu^{2+} 结合生成紫红色络合物,此反应称为双缩脲反应。反应式如下:

$$
\underset{\text{尿素}}{\overset{\displaystyle H_2N}{\underset{\displaystyle H_2N}{>}}C=O} \;+\; \underset{\text{尿素}}{\overset{\displaystyle H_2N}{\underset{\displaystyle H_2N}{>}}C=O} \;\xrightarrow{\Delta}\; \underset{\text{双缩脲}}{H_2N\overset{O}{\overset{\|}{C}}NH\overset{O}{\overset{\|}{C}}NH_2} \;+\; NH_3
$$

双缩脲合成

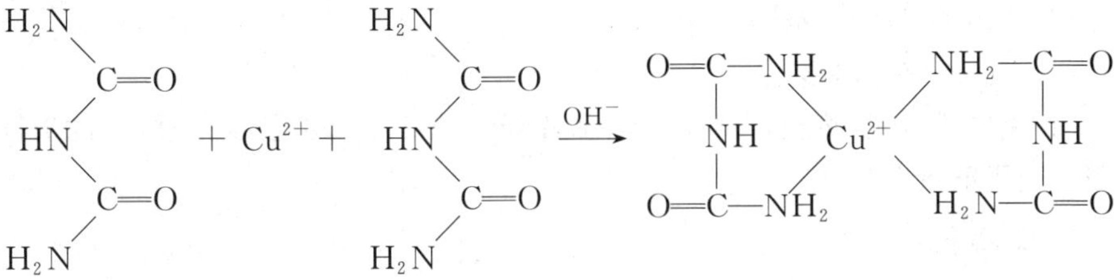

双缩脲　双缩脲　双缩脲络合物

双缩脲反应

多肽链　双缩脲似络合物

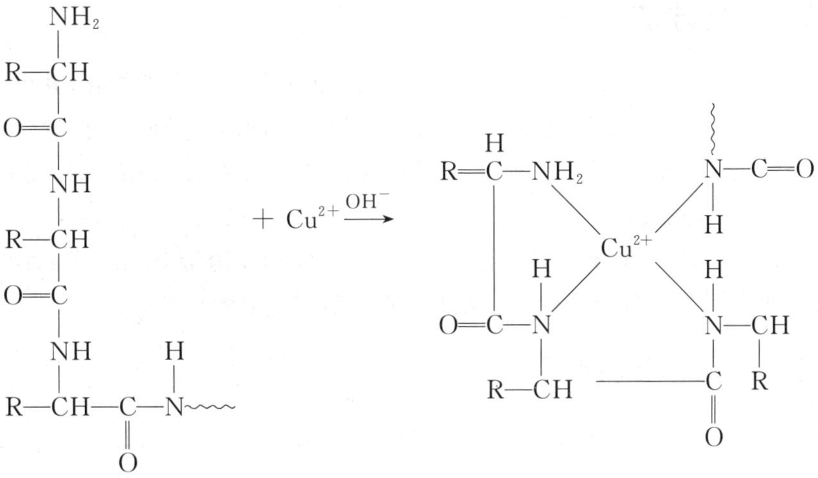

多肽参与的双缩脲反应

多肽及所有蛋白质分子中均具有肽键,其结构与双缩脲分子中亚酰胺键结构相同,也能发生此反应。因此,多肽及蛋白质在碱性溶液中与铜离子也能发生类似于双缩脲的颜色反应。肽键的数量与生成紫红色络合物的数量成正比。因此,该反应可用于蛋白质的定性和定量分析,也可用来检测蛋白质水解程度。

双缩脲反应不仅在一切蛋白质或二肽以上的多肽中出现,在一些具有类似结构的非蛋白质物质中也有此反应。可见,一切蛋白质或二肽以上的多肽都有双缩脲反应,但有双缩脲反应的物质不一定都是蛋白质或多肽。

三、试剂与仪器、耗材

1. 试剂

(1)尿素。

(2)10% NaOH 溶液。

(3)1% CuSO$_4$ 溶液。

(4)蛋白质溶液:将鸡蛋清用蒸馏水稀释 10~20 倍,3 层纱布过滤,滤液冷藏备用。或用酪蛋白溶液。

2.仪器耗材

电子天平、酒精灯、电炉、试管、烧杯、试剂瓶、药匙、移液管、吸耳球、试管架、试管夹、胶头滴管、量筒、纱布。

四、实验方法

(1)取少许结晶尿素放在干燥试管中,微火加热,则尿素开始熔化,并形成双缩脲,释放的氨可用湿润的红色石蕊试纸鉴定。待熔融的尿素开始硬化,试管内有白色固体出现,停止加热,让试管缓慢冷却。然后加 10% NaOH 溶液 1 mL 和 1% CuSO$_4$ 2~3 滴,混匀后观察颜色的变化。

(2)另取一试管,加蛋白质溶液 1 mL、10% NaOH 溶液 2 mL 及 1% CuSO$_4$ 2~3 滴,振荡后将出现的紫红色与双缩脲反应所产生的颜色相对比。

五、实验结果、计算与分析

观察反应管中颜色变化,记录结果并解释现象。

六、思考题

氨基酸是否能发生双缩脲反应? 为什么?

七、注意事项

双缩脲反应时,CuSO$_4$ 不能多加,否则将产生蓝色 Cu(OH)$_2$ 掩盖红紫色,影响反应现象或结果的观察。

内容二　茚三酮反应

一、实验目的

(1)验证氨基酸及蛋白质的茚三酮反应性质。

(2)学习和掌握氨基酸及蛋白质茚三酮反应的原理和方法。

二、实验原理

蛋白质或氨基酸在弱酸性条件下(pH 为 5~7),其上的氨基酸与茚三酮共热可产生蓝紫色化合物。此反应为一切蛋白质和 α-氨基酸所共有,具有亚氨基的脯氨酸和羟脯氨酸与茚三酮反应产生特征性的黄色化合物,含有氨基的其他化合物也能发生此反应。反应颜色深浅与参与反应的氨基数量成正比,因此,此反应可应用于氨基酸定量测定及检测蛋白质水解程度。

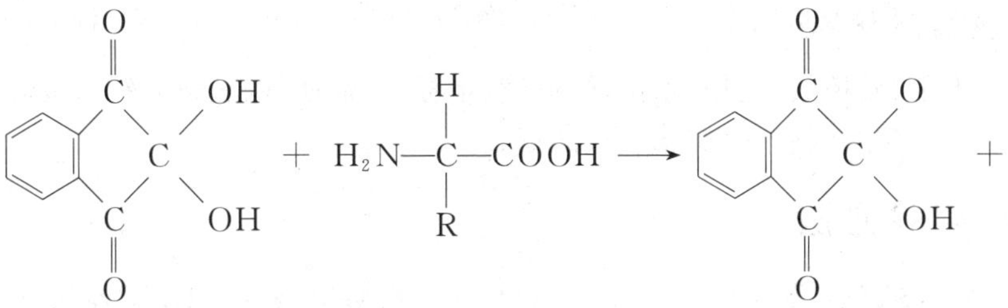

水合茚三酮　　　氨基酸　　　　　还原型茚三酮

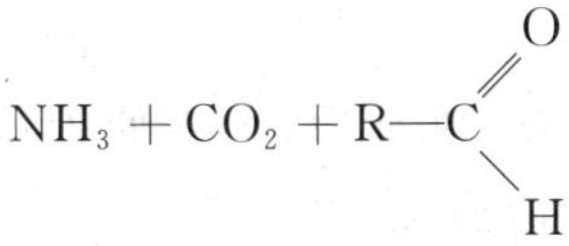

$$NH_3 + CO_2 + R\overset{O}{\underset{H}{-C}}$$

醛

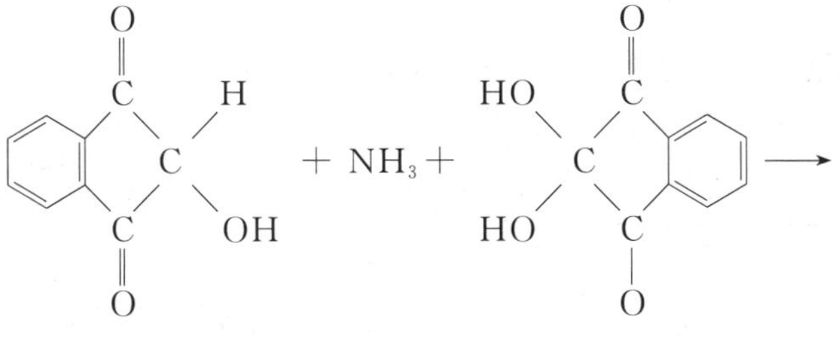

还原型茚三酮　　　　　水合茚三酮

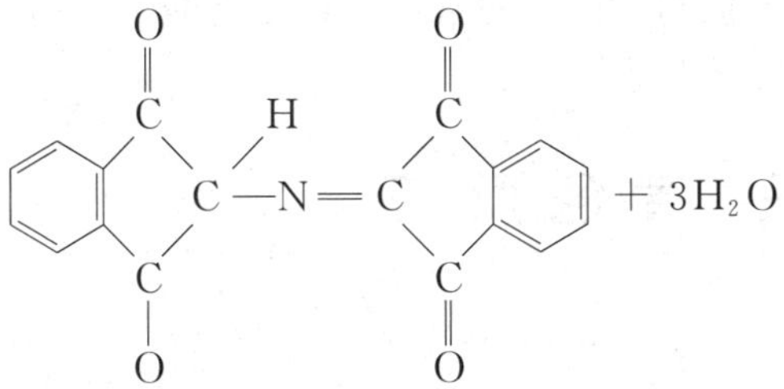

$$+ 3H_2O$$

蓝紫色物质

三、试剂与仪器、耗材

1. 试剂

(1)蛋白质溶液:与双缩脲反应相同。

(2)0.1% 甘氨酸(Gly)溶液。

(3)0.1% 茚三酮水溶液。

(4)0.1% 茚三酮-乙醇溶液:0.1 g 茚三酮溶解于乙醇中并用乙醇定容至 100 mL。

2. 仪器耗材

电子天平、酒精灯、电炉、水浴锅、试管、烧杯、试剂瓶、药匙、移液管、吸耳球、试管架、试管夹、胶头滴管、量筒、纱布、滤纸。

四、实验方法

(1)取 2 支试管分别加入蛋白质溶液和甘氨酸溶液 1 mL,再各加 0.5 mL 0.1% 茚三酮水溶液,混匀,在沸水浴中加热 1~2 min,观察颜色由粉色变红色再变蓝。

(2)在一小块滤纸上滴一滴 0.1% 甘氨酸溶液,风干后,再在原处滴一滴 0.1% 茚三酮乙醇溶液,在微火旁烘干显色,观察紫红色斑点的出现。

五、实验结果、计算与分析

观察各反应管中颜色变化,记录结果并解释现象。

六、思考题

能否利用茚三酮反应可靠地鉴定蛋白质的存在?

七、注意事项

茚三酮反应适宜的 pH 为 5~7,但同一浓度的蛋白质或氨基酸在不同 pH 条件下的颜色深浅不同,酸度过大时甚至不呈色。

内容三　黄 色 反 应

一、实验目的

(1)验证氨基酸及蛋白质的黄色反应性质。

(2)学习和掌握氨基酸及蛋白质黄色反应的原理和方法。

二、实验原理

含有苯环结构的氨基酸,如酪氨酸和色氨酸,遇硝酸后,可被硝化成黄色物质,该化合物在碱性溶液中进一步形成橘黄色的硝醌酸钠。具体反应如下:

$$HO\text{—}\bigcirc + HNO_3 \longrightarrow HO\text{—}\bigcirc\text{—}NO_2 \xrightarrow{NaOH} O\text{=}\bigcirc\text{—}N(\text{—}O^-Na^+)(\text{=}O)$$

硝基酚(黄色)　　　　　　邻硝醌酸钠(橙黄色)

多数蛋白质分子含有带苯环的氨基酸,所以有黄色反应,苯丙氨酸不易硝化,需加入少量浓硫酸才有黄色反应。皮肤、毛发、指甲等遇浓 HNO_3 变黄即是发生此类黄色反应的结果。

三、试剂与仪器、耗材

1.试剂

(1)蛋白质溶液:与双缩脲反应相同。

(2)10% 氢氧化钠溶液。

(3)大豆。

(4)指甲。

(5)0.5% 苯酚溶液。

(6)浓硝酸。

(7)0.3% 色氨酸(Trp)溶液。

(8)0.3% 酪氨酸(Tyr)溶液。

2.仪器耗材

电子天平、酒精灯、电炉、水浴锅、试管、烧杯、试剂瓶、药匙、移液管、吸耳球、试管架、试管夹、胶头滴管、量筒、纱布、滤纸。

四、实验方法

向 7 支试管中分别按表 2-1 加入试剂,观察各试管出现的现象,有的试管反应慢可置沸水浴加热 5 min 或用微火加热。

表 2-1

管　号	1	2	3	4	5	6	7
材料/滴	鸡蛋清溶液/4	大豆提取液/4	指甲少许	头发少许	0.5%苯酚/4	0.3%色氨酸/4	0.3%酪氨酸/4
浓硝酸/滴	2	4	40	40	4	4	4
现象							

待各管出现黄色后,于室温逐滴加入 10% 氢氧化钠至碱性,观察颜色变化。

五、实验结果、计算与分析

观察各反应管中颜色变化,记录结果并解释现象。

六、思考题

哪些氨基酸能呈现黄色反应的阳性结果? 是否大部分蛋白质都能呈现黄色反应的阳性结果?

内容四　乙醛酸反应

一、实验目的

(1)验证色氨酸及蛋白质的乙醛酸反应性质。
(2)学习和掌握色氨酸及蛋白质乙醛酸反应的原理和方法。

二、实验原理

含有吲哚基的色氨酸在浓硫酸存在下与乙醛酸($CHOCOOH$)缩合,形成靛蓝色的物质。此反应机理尚不清楚,可能是由一分子乙醛酸与两分子色氨酸脱水缩合而成的。含有色氨酸的蛋白质也有此反应。此反应可用于检测色氨酸或含色氨酸的蛋白质。

三、试剂与仪器、耗材

1. 试剂
(1)蛋白质溶液:与双缩脲反应相同。
(2)0.03% 色氨酸(Trp)溶液。

（3）冰醋酸（一般含有乙醛酸杂质，故可用冰醋酸代替乙醛酸）。

（4）浓硫酸。

2.仪器耗材

电子天平、水浴锅、试管、烧杯、试剂瓶、药匙、移液管、吸耳球、试管架、试管夹、胶头滴管、量筒。

四、实验方法

取 3 支试管并编号，分别按表 2-2 加入蛋白质溶液、色氨酸溶液和水，然后加入冰醋酸 2 mL，混匀后倾斜试管，沿管壁分别缓缓加入浓硫酸 1 mL，静置并观察各管液面紫色环的出现。不明显，可于水浴中微热。

表 2-2

| 管号 | 试剂用量 | | | | | 现象 |
	水/滴	0.03%色氨酸溶液/滴	蛋白质溶液/滴	冰醋酸/mL	浓硫酸/mL	
1	—	—	5	2	1	
2	4	1	—	2	1	
3	5	—	—	2	1	

五、实验结果、计算与分析

观察各反应管中颜色变化，记录结果并解释现象。

六、思考题

何种基团能呈现乙醛酸反应的阳性结果？哪一种氨基酸含有这种基团？

内容五 坂口反应

一、实验目的

（1）验证精氨酸及蛋白质的坂口反应性质。

（2）学习和掌握精氨酸及蛋白质坂口反应的原理和方法。

二、实验原理

在次溴酸钠或次氯酸钠存在的条件下，含有胍基的化合物能与 α-萘酚发生反应生成红色物质。在 20 种氨基酸中唯有精氨酸含有胍基，所以只有它呈正反应。含精氨酸的蛋白也能发生该反应。反应生成的氨被次溴酸钠或次氯酸钠氧化生成氮。具体反应如下：

$$精氨酸 \qquad \alpha\text{-萘酚} \qquad\qquad （红色）$$

$$2NH_3 + 3NaBrO \rightarrow N_2 \uparrow + 3H_2O + 3NaBr$$

该反应中过量的次溴酸钠或次氯酸钠是不利的，因其能进一步缓慢氧化，使产物破裂分解，引起颜色消失。加入浓尿素，破坏过量的次溴酸钠，能增加颜色的稳定性。

该反应灵敏度达 1∶250 000。因此常用于定量测定精氨酸的含量和定性鉴定含有精氨酸的蛋白质。

三、试剂与仪器、耗材

1. 试剂

(1)蛋白质溶液：与双缩脲反应相同。

(2)次溴酸钠溶液：2 g 溴溶于 100 mL 5% NaOH 溶液中。置于棕色瓶中，可在冷暗处保存 2 周。

(3)2% NaOH 溶液。

(4)1% α-萘酚乙醇溶液。

(5)0.3% 精氨酸溶液。

2. 仪器耗材

电子天平、水浴锅、试管、烧杯、试剂瓶、药匙、移液管、吸耳球、试管架、试管夹、胶头滴管、量筒。

四、实验方法

取 3 支试管并编号,按表 2-3 依次加入各试剂,观察现象。

表 2-3

| 管号 | 试剂用量 | | | | | | 现象 |
	蛋白质溶液/滴	精氨酸溶液/滴	水/滴	20% NaOH/滴	α-萘酚/滴	次溴酸钠/滴	
1	5	—	—	5	3	1	
2	—	1	4	5	3	1	
3	—	—	5	5	3	1	

五、实验结果、计算与分析

观察各反应管中颜色变化,记录结果并解释现象。

六、思考题

坂口反应是哪一种氨基酸的特有反应?写出该氨基酸的结构式。

七、注意事项

本实验十分灵敏。在操作中 α-萘酚要过量,但次溴酸钠、精氨酸及蛋白质均不可过多。因为过多的次溴酸钠可继续氧化有色产物,从而使颜色消失。

内容六　米伦反应

一、实验目的

(1)验证精氨酸及蛋白质的坂口反应性质。
(2)学习和掌握精氨酸及蛋白质坂口反应的原理和方法。

二、实验原理

米伦试剂是硝酸、亚硝酸、硝酸汞、亚硝酸汞的混合物。米伦试剂能与苯酚及某些二羟基苯衍生物起颜色反应。组成蛋白质的氨基酸中只有酪氨酸含苯酚基团,因此该反应可用来检测酪氨酸或含酪氨酸的蛋白质,也可用来检测蛋白质中是否存在酪氨酸。具体反应如下：

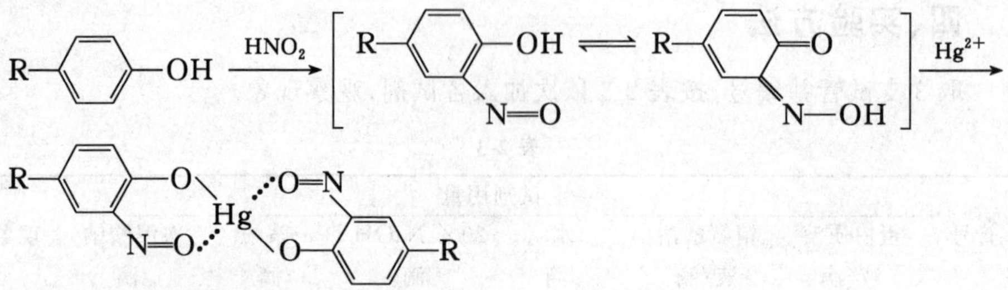

三、试剂与仪器、耗材

1.试剂

(1)蛋白质溶液：与双缩脲反应相同。

(2)0.3% 酪氨酸(Tyr)溶液。

(3)0.5% 苯酚溶液。

(4)米伦试剂：在 60 mL 浓硝酸(比重 1.42)中溶解 40 g 汞(可水浴加温助溶)，溶解后加入 2 倍体积的蒸馏水稀释，静置澄清后，取上层的清液备用。该试剂可长期保存。

2.仪器耗材

电子天平、水浴锅、试管、烧杯、试剂瓶、药匙、移液管、吸耳球、试管架、试管夹、胶头滴管、量筒。

四、实验方法

取 3 支试管并编号，按表 2-4 依次加入各试剂，观察现象。

表 2-4

管号	试剂用量				操作	现象
	蛋白质溶液 /mL	酪氨酸溶液 /mL	苯酚溶液 /mL	米伦试剂 /mL		
1	1	—	—	0.5		
2	—	1	—	0.5	小心加热	
3	—	—	1	0.5		

五、实验结果、计算与分析

观察各反应管中颜色变化,记录结果并解释现象。

六、思考题

米伦反应是哪一种氨基酸的特有反应?写出该氨基酸的结构式。

实验二　蛋白质的等电点测定

内容一　pH 沉淀法

一、实验目的

(1)学习和掌握蛋白质的两性解离性质。
(2)掌握 pH 法测定蛋白质等电点的一般原理和操作方法。

二、实验原理

蛋白质是两性电解质,在溶液中存在下列平衡:

$$
\text{Pr}\begin{array}{l}\text{NH}_3^+ \\ \\ \text{COOH}\end{array}
\underset{+\text{H}^+}{\overset{+\text{OH}^-}{\rightleftharpoons}}
\text{Pr}\begin{array}{l}\text{NH}_3^+ \\ \\ \text{COO}^-\end{array}
\underset{+\text{H}^+}{\overset{+\text{OH}^-}{\rightleftharpoons}}
\text{Pr}\begin{array}{l}\text{NH}_2^+ \\ \\ \text{COO}^-\end{array}
$$

阳离子	兼性离子	阴离子
pH<pI	pH=pI	pH>pI
净电荷为正	净电荷=0	净电荷为负

蛋白质分子所带净电荷为零时的 pH 称为蛋白质的等电点(pI)。在等电点时,蛋白质分子在电场中不向任何一极移动,而且分子与分子间因碰撞而引起聚沉的倾向增加,所以这时可以使蛋白质溶液的黏度、渗透压均减到最低,且溶液变混浊。若再加入一定量的溶剂如乙醇、丙酮,它们与蛋白质分子争夺水分子,竭力减低蛋白质水化层的厚度而使混浊更加明显。

各种蛋白质的等电点都不相同,但偏酸性的较多,如牛乳中的酪蛋白的等电点是 4.7~4.8,血红蛋白等电点为 6.7~6.8,胰岛素是 5.3~5.4,鱼精蛋白是一个典型的碱性蛋白,其等电点在 pH 12.0~12.4。本实验采用蛋白质在不同 pH 溶液中形成的混浊度来确定,即混浊度最大时的 pH 即为该种蛋白质的等电点值,这个方法虽然不很准确,但在一般实验条件下都能进行,操作也简便。

三、试剂与仪器、耗材

1.试剂

(1)1.00 mol/L 醋酸溶液。

(2)0.10 mol/L 醋酸溶液。

(3)0.01 mol/L 醋酸溶液。

(4)0.4% 酪蛋白-醋酸钠溶液 100 mL:取 0.4 g 酪蛋白,加少量水在乳钵中仔细地研磨,将所得的蛋白质悬胶液移入 200 mL 锥形瓶内,用少量 40~50℃的温水洗涤乳钵,将洗涤液也移入锥形瓶内。加入 10 mL 1 mol/L 醋酸钠溶液。把锥形瓶放到 50℃水浴中,并小心地旋转锥形瓶,直到酪蛋白完全溶解为止。将锥形瓶内的溶液全部移到 100 mL 容量瓶内,加水至刻度,塞紧玻璃塞,混匀。

2.仪器耗材

电子天平、水浴锅、试管、烧杯、试剂瓶、三角瓶、容量瓶、药匙、移液管、吸耳球、试管架、试管夹、胶头滴管、量筒。

四、实验方法

取同样规格的试管 9 支,按表 2-5 顺序分别精确地加入各试剂,加入后立即混匀,加一管,摇匀一管。静置,观察各管在不同时间的混浊度。最混浊的一管 pH 即为酪蛋白的等电点。观察时可用+、++、+++表示混浊度。

表 2-5

| 管号 | 试剂用量 | | | | | | 观察现象 | | |
	H_2O /mL	0.01 mol/L HAC/mL	0.10 mol/L HAC/mL	1.00 mol/L HAC/mL	pH	蛋白质 溶液 /mL	0 min	10 min	20 min
1	8.38	0.62	—	—	5.9	1			
2	7.75	1.25	—	—	5.6	1			
3	8.75	—	0.25	—	5.3	1			
4	8.50	—	0.50	—	5.0	1			
5	8.00	—	1.00	—	4.7	1			

续表 2-5

管号	试剂用量						观察现象		
	H_2O /mL	0.01 mol/L HAC/mL	0.10 mol/L HAC/mL	1.00 mol/L HAC/mL	pH	蛋白质 溶液 /mL	0 min	10 min	20 min
6	7.00	—	2.00	—	4.4	1			
7	5.00	—	4.00	—	4.1	1			
8	1.00	—	8.00	—	3.8	1			
9	7.40		—	1.60	3.5	1			

五、实验结果、计算与分析

观察各管中清澈度变化,记录结果并解释现象,确定酪蛋白的等电点。

六、思考题

蛋白质在等电点沉淀的原因是什么？影响该实验结果准确性的因素有哪些？

七、注意事项

等电点测定实验要求各种试剂的浓度和加入量必须非常准确。

内容二 聚丙烯酰胺凝胶等电聚焦法

一、实验目的

(1)学习用等电聚焦电泳测定蛋白质等电点的方法。
(2)掌握等电聚焦法的基本原理和操作要点。

二、实验原理

等电点聚焦(isoelectric focusing,IEF)是在电场中分离蛋白质技术的一个重要发展,等电聚焦是在稳定的 pH 梯度中按等电点的不同分离两性大分子的平衡电泳方法。

在等电聚焦中,使用的是含有两性电解质的大孔隙聚丙烯酰胺凝胶。两性电解质具有依次递变但相差不大的等电点(pI),在电场中可以形成逐渐递变而又连续的 pH 梯度。pH 梯度的顺序是从阳极到阴极 pH 逐渐增大。此时带负电荷和带正电荷的蛋白质分别向阳极和阴极移动直到到达其相应的等电点 pH 处就停止移动。如果蛋白质从此位置上扩散到其非等电点区就会因带电而重新回到其等电点位置。这样、每个蛋白质就会在它的 pI 周围被聚焦成为狭长的条带。

本实验采用的 Ampholine 为两性电解质载体。Ampholine 是由多乙烯多胺（如三乙烯四胺、五乙烯六胺等）与丙烯酸（不饱和酸）进行加成反应而生成，是一系列含不同比例氨基和羧基的氨基羧酸的混合物。为无色水溶液，含量为 40%，分子质量 300～1 000 范围。它的水溶性很好，1% 水溶液中的紫外吸收（260 nm）很低。商品 Ampholine 的 pH 有各种范围，最宽的为 pH 3～10，测定未知样品的等电点时，首先用 Ampholine 进行初步测定，根据测得的结果，再选择合适的 pH 范围较窄的 Ampholine 进行精确测定。在聚焦过程中常用聚丙烯酰胺凝胶来防止扩散。当样品中的蛋白质泳动到凝胶的某部位而聚焦这部位的 pH 就等于该蛋白质的等电点。因此只要测得聚焦部位凝胶的 pH 就可得知该蛋白质的等电点。

等电聚焦电泳的优点：

（1）分辨率高，可将等电点相差 0.01～0.02 pH 单位的蛋白质分开。

（2）不像一般电泳易受扩散作用影响，使区带越走越宽；聚焦电泳则能抵消扩散作用，使区带越走越窄。

（3）由于等电聚焦的作用，很稀的样品也可以聚焦而浓缩。

（4）因为是根据等电点特性分离，所以重复性好，精确度高，可达 0.01 pH 单位。

其不足之处：

（1）要求样品溶液无盐，因为盐会增大电流量，产生热量；盐分子移至两极时，将产生酸或碱，中和两性电解质。

（2）要求样品成分在等电点时稳定，不适宜用于在等电点时不溶解或变性的蛋白质。

等电聚焦电泳不仅用于精确测定蛋白质的等电点，还常用于分离、制备及鉴定蛋白质、多肽。本实验以柱状凝胶等电聚胶电泳法测定牛血清白蛋白的等电点，以掌握等电聚焦电泳的操作方法。

三、试剂与仪器、耗材

1. 试剂

（1）两性电解质 Ampholine：pH 3～10，浓度 40%。

（2）丙烯酰胺溶液：称取丙烯酰胺（ACR）30 g，N，N-亚甲基双丙烯酰胺（BIS）

1.0 g,用蒸馏水溶解后定容至 100 mL,过滤,4℃贮存。

(3)四甲基乙二胺(TEMED)。

(4)1.0% 过硫酸铵溶液:临用时配制。

(5)正极缓冲液:0.2%(V/V)硫酸或磷酸。

(6)负极缓冲液:0.5%(V/V)乙二胺水溶液。

(7)固定液:10%(W/V)三氯乙酸。

(8)染色液:考马斯亮蓝 R250 2.0 g,以 50%甲醇 1 000 mL 溶解。使用时取 93 mL,加入 7.0 mL 冰醋酸,摇匀即可使用。

(9)脱色液:按 5 份甲醇、5 份水和 1 份冰醋酸混合即可。

(10)牛血清白蛋白(生化试剂),配成 10 mg/mL 的水溶液。

(11)聚焦指示剂:肌红蛋白(pI=6.7)、细胞色素 C(pI=10.25)或甲基红染料 (pI=3.75)。

(12)蛋白质等电点标准。

2.仪器耗材

电子天平、圆盘电泳槽、电泳仪、pH 计、脱色摇床、玻璃管:内径 5 mm,长 80~ 100 mm;微量进样器(100 μL);7 号(长 10 cm)针头和注射器。试管、烧杯、试剂 瓶、三角瓶、药匙、移液管、吸耳球、微量移液器、试管架、试管夹、胶头滴管、量筒、直 尺、刀片。

四、实验方法

1.凝胶制备

按表 2-6 的比例配制 7.5%凝胶。吸取丙烯酰胺贮备溶液、过硫酸铵和水于 50 mL 的小烧杯内混匀,在真空干燥器中抽气 10 min(有时可省略此步,并不影响 实验结果)。然后加入 0.3 mL Ampholine、0.1 mL 牛血清白蛋白待测样品和 0.1 mL TEMED 溶液,混匀后立即注入已准备好的凝胶管中,胶液加至离管顶部 5 mm 处,在胶面上再覆盖 3 mm 厚的水层,应注意不要让水破坏胶的表面,室温 下放置 20~30 min 即可聚合。

表 2-6 可按照比例放大,请将其他试剂混匀后再加入过硫酸铵和 TEMED。

凝胶一般选用 3%~7.5%的浓度。7.5%浓度的凝胶具有较好的机械强度, 又允许 15 万以下的球蛋白分子有足够的迁移率,应用较广。若使用较低浓度的凝 胶时,可在胶中加入 0.5%的琼脂糖,以增加凝胶的机械强度。

表 2-6　凝胶工作液配比

试　剂	D 加量/mL
30％ 凝胶贮液	2.0
水	5.1
pH 3～10 Ampholine	0.3
样品液	0.1
1％ 过硫酸铵	0.4
TEMED	0.1

2. 点样

根据等电聚焦的特点,对样品的体积和加样的位置不需严格要求。本实验采用将样品直接混入凝胶的加样方法,其优点是操作简单(具体操作见凝胶制备)。样品的体积可以很大,如每管可加样 0.5 mL 以上。比较稀的样品可以不需浓缩,直接加样。

若采用专用等电聚焦电泳槽水平板方法电泳(水平板凝胶做法与板状聚丙烯酰胺凝胶做法一样,做好的凝胶板水平放在特制电泳槽中进行电泳),样品可以点在滤纸片上,把滤纸片放在凝胶表面离阴极端 1/3 处。

等电聚焦的点样量范围比较大。柱状电泳点样量一般在 5～100 μg,都能得到满意的结果。要提高点样量应该考虑到两性电解质载体的缓冲能力,随着点样量的增加,应该适当提高两性电解质的含量。

为观察聚焦状况,可在样品中加入聚焦指示剂,如带红颜色的肌红蛋白(pI＝6.7)、细胞色素(pI＝10.25)或甲基红染料(pI＝3.75),以指示聚焦的进展情况。

3. 电泳

吸去凝胶柱表面上的水层,将凝胶管垂直固定于圆盘电泳槽中。于电泳槽下槽加入 0.2％ 硫酸(或磷酸)作正极;上槽加入 0.5％ 乙醇胺(或乙二胺)作负极。打开电源,将电压恒定为 160 V,因为聚焦过程是电阻不断加大的过程,故聚焦电泳过程中,电流将不断下降,降至稳定时,即表明聚焦已完成,继续电泳约 30 min 后,停止电泳,全程需 3～4 h。

4. 剥胶

电泳结束后,取下凝胶管,用水洗去胶管两端的电极液,按照柱状电泳剥胶的方法取出胶条,以胶条的正极为"头",负极为"尾",若胶条的正、负端不易分清,可用广泛 pH 试纸测定,正极端呈酸性,负极端呈碱性。剥离后,量出并记录凝胶的长度。

5.固定、染色和脱色

取其中的凝胶条 3 根,放在固定液中固定 3 h(或过夜),然后转移到脱色液中浸泡,换 3 次溶液;每次 10 min,浸泡过程中不断摇动,以除去 Ampholine。量取并记录漂洗后的胶条长度。此时应注意不要把胶条折断或正、负端弄混。而后把胶条放到染色液中,在室温下染色 45 min,取出胶条,用水冲去表面附着的染料,放在脱色液中脱色,不断摇动,并更换 3~5 次脱色液,待本底颜色脱去,蛋白质区带清晰时,量取并记录凝胶长度,以及蛋白质区带中心至正极端的距离。

6.pH 梯度的测量

常用的测定 pH 梯度的方法有 3 种:

(1)切段法:将未经固定的胶条两根,按照从正极端(酸性端)到负极端(碱性端)的顺序切成 0.5 cm 长的区段,按次放入有标号的、装有 1 mL 蒸馏水的试管中,浸泡过夜。然后用精密 pH 试纸测出每管浸泡液的 pH 并记录。有条件的,最好用精密 pH 计测定,可提高测定的精确度,本实验采用切段法测定 pH 梯度。

(2)标准蛋白法:即选择一系列已知等电点的蛋白质进行聚焦电泳,经固定、染色、脱色后,测定各条区带到阳极端的距离,各种蛋白质所在位置的 pH,就是它们各自的等电点。以此为标准,测知待测样品的等电点。常用蛋白质等电点值见附录。

(3)表面微电极法:即用表面微电极在胶表面上定点测定 pH。

五、实验结果、计算与分析

(1)pH 梯度曲线的制作:以胶条长度(mm)为横坐标,各区段对应的 pH 的平均值为纵坐标,在坐标纸上作图,可得到一条近似直线的 pH 梯度曲线,如图 2-1 所示。由于测得的每一管的 pH 是 5 mm 长一段凝胶各点 pH 的平均值,因此作图时可把此 pH 视为 5 mm 小段中心区的 pH,于是第 1 小段的 pH 所对应的凝胶条长度应为 2.5 mm;第 2 小段的 pH 所对应的凝胶条长度应为$(5\times2-2.5=7.5)$ mm;依此类推,第 n 小段的 pH 所对应的凝胶条长度应为$(5n-2.5)$ mm。

(2)待测蛋白质样品等电点的计算。

①用三氯乙酸浸泡后,显示出的蛋白质区带位置应折算成浸泡前的相应位置。用下式计算蛋白质聚焦部位至胶条正极端的实际长度 L:

$$L=L'\times L_1/L_2$$

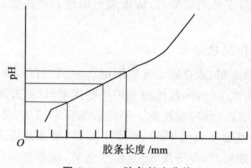

图 2-1　pH-胶条长度曲线

式中，L' 为量出蛋白质的白色沉淀带中心至胶条正极端的长度；L_1 为测 pH 的胶条的长度；L_2 为固定后胶条的长度。

②根据上式计算出待测蛋白质的聚焦长度，在标准曲线上查出所对应的 pH，即为该蛋白质的等电点。

③画出固定后所测胶条的示意图。

六、思考题

等电聚焦法中聚丙烯酰胺凝胶中为什么会形成连续的 pH 梯度？

七、注意事项

(1)制胶时应尽可能使各胶条长度一致，以减少测量误差。

(2)样品必须无盐，否则电泳时样品条带可能走歪、拖尾或根本不成条带。

(3)电泳停止，在取出胶条前，务必将两端电极液冲洗彻底，并用滤纸吸干，否则将造成很大的测定误差。

实验三　蛋白质的沉淀反应

一、实验目的

(1)学习和掌握蛋白质沉淀反应的原理和方法。

(2)理解蛋白质变性与沉淀的关系。

二、实验原理

在水溶液中,可溶性蛋白质分子表面结合大量的水分子,形成水化膜,同时蛋白质分子本身带有电荷,与溶液的反离子作用,形成双电层,因而每个蛋白质分子可形成一个稳定的胶粒。整个蛋白质溶液就形成稳定的亲水溶胶体系。与其他溶胶相同,这种稳定性是有条件的,相对的。当某些物理化学因素导致蛋白质分子失去水化膜或失去电荷,甚至变性时,它就丧失了稳定因素,以固态形式从溶液中析出,这就是蛋白质的沉淀反应。根据沉淀反应的结果,可将蛋白质的沉淀反应分为两类:

(1)可逆沉淀反应:在发生沉淀反应时,虽然蛋白质已经沉淀析出,然而其分子内部结构并没发生明显的改变,仍保持原有的结构和性质,如除去沉淀因素,蛋白质可重新溶解在原来的溶剂中。因此,这种沉淀反应称为可逆沉淀反应。属于此类的有盐析作用,低温下丙酮、乙醇使蛋白质沉淀的作用,以及利用等电点的沉淀作用。

盐析作用:用大量中性盐使蛋白质从溶液中析出的过程。在高浓度的中性盐影响下,蛋白质水分子的水化膜被剥夺。同时蛋白质分子所带的电荷被中和,因而破坏了蛋白质溶胶的稳定因素,使蛋白质沉淀析出,但中性盐并不破坏蛋白质的分子结构和性质,因此,若除去中性盐或减低盐的浓度,蛋白质就会重新溶解。

有机溶剂沉淀蛋白质:在低温下,在蛋白质溶液中加入适量丙酮或乙醇,蛋白质分子的水化膜被破坏而沉淀。若及时将蛋白质沉淀与丙酮或乙醇分离,蛋白质沉淀则可重新溶解于水中。

(2)不可逆沉淀反应:一些物理化学因素往往会导致蛋白质分子结构,尤其是空间结构被破坏,因而失去其原来的性质,这种蛋白质沉淀不能再溶解于原来的溶剂中。重金属盐、生物碱试剂、过酸、过碱、震荡、超声波和有机溶剂等都能使蛋白质发生不可逆沉淀。

重金属盐类 Cu^{2+}、Ag^+、Pb^{2+} 和 Hg^{2+} 等均能与蛋白质分子中的巯基等基团结合,生成不溶物而沉淀。

生物碱试剂与蛋白质结合形成不溶物,使蛋白质沉淀。植物体内具有显著生理作用的含氮碱性化合物称为生物碱(或植物碱)。能沉淀生物碱或与其产生颜色反应的物质称为生物碱试剂,如鞣酸、苦味酸、磷钨酸等。生物碱试剂与蛋白质的碱性基团反应。

过酸、过碱、加热、震荡和超声波等均能使蛋白质的空间结构破坏,改变其原有性质。从而形成沉淀。

三、试剂与仪器、耗材

1.试剂

(1)卵清蛋白液:将蛋清用蒸馏水稀释 20～40 倍、8 层纱布过滤,冷藏备用。

(2)饱和硫酸铵溶液。

(3)1％醋酸铅溶液。

(4)硫酸铵粉末。

(5)1％硫酸铜溶液。

(6)10％三氯乙酸溶液。

(7)0.5％磺基水杨酸溶液。

(8)1％醋酸溶液。

(9)5％鞣酸溶液。

(10)饱和苦味酸溶液。

(11)晶体氯化钠。

(12)95％ 乙醇。

2.仪器耗材

电子天平、试管、烧杯、试剂瓶、药匙、移液管、吸耳球、试管架、胶头滴管、量筒、漏斗、滤纸。

四、实验方法

1.蛋白质的盐析作用

(1)取蛋白质溶液 5 mL,加入等量的饱和硫酸铵溶液,微微摇动试管使溶液混合后静置数分钟,球蛋白即析出(如无沉淀可再加少许饱和硫酸铵溶液)。

(2)将上述混合液过滤(或离心),取滤液(或离心上清液)加硫酸铵粉末至不再溶解,析出的即为清蛋白。再加水稀释,观察沉淀是否溶解。

2.酒精沉淀蛋白质

取蛋白质溶液 1 mL,加晶体 NaCl 少许(加速沉淀并使沉淀完全),待溶解后再加入 95％ 乙醇 2 mL 混匀。观察有无沉淀析出。

3.有机酸沉淀蛋白质

取 2 支试管,各加入蛋白质溶液约 0.5 mL,然后分别滴加 10％ 三氯乙酸和 0.5％ 磺基水杨酸数滴,观察蛋白质沉淀。

4.生物碱试剂沉淀蛋白质

取 2 支试管各加入 2 mL 蛋白质溶液及 1% 醋酸 4~5 滴。其中一管加 5% 鞣酸溶液数滴,另一管中加入饱和的苦味酸溶液数滴,观察沉淀的形成。

5.重金属盐沉淀蛋白质

取 2 支试管各加蛋白质溶液 2 mL,一管内滴加 1% 醋酸铅溶液,另一管内滴加 1% 硫酸铜溶液,至有沉淀生成。

五、实验结果、计算与分析

观察各管中发生的现象,记录结果并解释现象。

六、思考题

1.为什么鸡蛋清可用作铅、汞中毒的解毒剂?

2.蛋白质分子中的哪些基团可以与:①重金属离子作用,而使蛋白质沉淀?②有机酸、无机酸作用,而使蛋白质沉淀?③生物碱试剂作用,而使蛋白质沉淀?

七、注意事项

在蛋白质盐析实验操作中,应先加入蛋白质溶液,后加入饱和硫酸铵溶液。

实验四 蛋白质定量测定

内容一 双缩脲法测定蛋白质含量

一、实验目的

(1)学习双缩脲法测定蛋白质浓度的基本原理。
(2)学习和掌握双缩脲法测定蛋白质浓度的实验操作方法。

二、实验原理

双缩脲($NH_3CONHCONH_3$)是两分子尿素经 180℃ 左右加热,放出 1 个分子氨后得到的产物。在强碱性溶液中,双缩脲能与 Cu^{2+} 形成紫红色络合物,称为双缩脲反应。凡具有两个酰胺基或两个直接连接的肽键,或通过 1 个中间碳原子相连的肽键,这类化合物都有双缩脲反应。蛋白质含有多个肽键,可发生双缩脲反应。

紫红色络合物颜色的深浅与蛋白质浓度成正比,而与蛋白质分子质量及氨基酸成分无关,颜色深浅可在 540 nm 比色测定,故可用此法来测定蛋白质含量。测定的蛋白质浓度范围为 1～10 mg/mL。干扰这一测定的物质主要有硫酸铵、Tris 缓冲液和某些氨基酸等。

此法的优点是较快速,不同的蛋白质产生颜色的深浅相近,以及干扰物质少。主要缺点是灵敏度差。因此,双缩脲法常用于需要快速,但并不需要十分精确的蛋白质测定。

三、试剂与仪器、耗材

1.试剂

(1)双缩脲试剂:取 0.75 g 硫酸铜和 3.0 g 酒石酸钾钠溶于 250 mL 蒸馏水中,加入 150 mL 10% NaOH 溶液(可另加 0.5 g KI 以防止 Cu^{2+} 自动还原成一价氧化亚铜沉淀),用水稀释至 500 mL。此试剂可以长期保存。

(2)标准牛血清白蛋白溶液:称取牛血清白蛋白 0.5 g,溶于 100 mL 蒸馏水中,配成 5 mg/mL 的溶液。

(3)待测样品液:可以用酪蛋白配制,也可用蛋清、牛血清蛋白。

2.仪器耗材

电子天平、分光光度计、水浴锅、试管、烧杯、试剂瓶、容量瓶、药匙、移液管、吸耳球、试管架、胶头滴管、量筒、滤纸、玻璃比色杯、擦镜纸。

四、实验方法

1.制标准曲线

取试管 6 支,编号 0～5,按表 2-7 顺序加入各试剂。

表 2-7

试　剂	管　号					
	0	1	2	3	4	5
标准牛血清白蛋白/mL	0.0	0.4	0.8	1.2	1.6	2.0
蒸馏水/mL	2.0	1.6	1.2	0.8	0.4	0.0
双缩脲试剂/mL	4.0	4.0	4.0	4.0	4.0	4.0
蛋白质含量/(mg/mL)	0.0	2.0	4.0	6.0	8.0	10.0

上述试剂加完后，充分混匀，室温放置 30 min。以 0 号管为对照管，于 540 nm 处比色测定吸光值，记下各管吸光度，以每管蛋白质含量为横坐标，对应吸光度为纵坐标，作吸光度-蛋白质含量标准曲线。

2. 样品测定

另取 2 支试管，分别加 1 mL 未知浓度的蛋白质样品液(注意样品浓度不要超过 10 mg/mL)，加 1 mL 蒸馏水 4 mL 双缩脲试剂，混匀，室温放置 30 min，于 540 nm 处比色测定吸光值，从标准曲线中查出相应蛋白质浓度。

五、实验结果、计算与分析

(1)使用 Excel 程序绘制标准曲线，计算回归方程。

(2)利用回归方程，取两组测定的平均值按下列公式计算蛋白质的含量：

$$样品蛋白质含量(mg/100 \ mL) = Y \times N \times 100/V$$

式中，Y 为标准曲线查得的蛋白质的量(mg)；N 为稀释倍数；V 为样品所取的体积(mL)。

六、思考题

影响标准曲线的因素有哪些？

七、注意事项

(1)标准曲线选择不能只看 R^2，还应该看曲线斜率和截距。R^2 大小与实验操作和仪器都有关系。

(2)显色时间过长，可能会出现雾状沉淀，影响比色(解决方法：尽快比色)。

(3)脂肪性物质会影响反应(可用乙醇或石油醚使溶液澄清后离心，取上澄清液再测)。

(4)测定样品管吸光度时，其吸光值应介于标准曲线范围内，如超出，应适当稀释样品后再测。

内容二　Folin-酚法测定蛋白质含量

一、实验目的

(1)学习 Folin-酚法测定蛋白质浓度的基本原理和方法。

（2）掌握比色法或分光光度法在测定蛋白质浓度中的应用和注意事项。

二、实验原理

Folin-酚试剂法（Folin-Lowry 法）是测定蛋白质含量最灵敏的经典方法之一。它是在双缩脲法的基础上发展而来的。该方法操作简便、迅速、灵敏度高，较双缩脲法灵敏 100 倍。

Folin-酚试剂法所用试剂由两部分组成。其中试剂 A（双缩脲试剂）可以与蛋白质中的肽键反应，而试剂 B（磷钨酸和磷钼酸混合液）在碱性条件下极不稳定易被酚类化合物还原而呈蓝色，其作用是增加显色效果（灵敏度）。由于蛋白质（或多肽）中含有带酚基的酪氨酸，故有此呈色反应，蓝色深浅与蛋白质浓度相关，在一定范围内呈线性关系，可用比色法测定。

此法易受蛋白质样品中酚类化合物及柠檬酸的干扰。另外，Folin-酚试剂 B 中的磷钼酸磷钨酸仅在酸性 pH 时稳定，故在将试剂 B 加到碱性铜-蛋白质溶液时，必须立即混合均匀。以确保还原反应能正常发生。

此法也适用于酪氨酸和色氨酸的定量测定。

三、试剂与仪器、耗材

1. 试剂

（1）Folin-酚试剂 A：碱性铜溶液。

甲液：取 Na_2CO_3 2 g 溶于 100 mL 0.1 mol/L 氢氧化钠溶液中。

乙液：取 $CuSO_4 \cdot 5H_2O$ 晶体 0.5 g，溶于 100 mL 1% 酒石酸钾溶液中。

临用时按甲：乙＝50：1 混合使用。

（2）Folin-酚试剂 B：将 100 g 钨酸钠、25 g 钼酸钠、700 mL 蒸馏水、50 mL 85% 磷酸及 100 mL 浓盐酸置于 1 500 mL 的磨口圆底烧瓶中，充分混匀后，接上磨口冷凝管，回馏 10 h，再加入硫酸锂 150 g、蒸馏水 50 mL 及液溴数滴，开口煮沸 15 min，在通风橱内驱除过量的溴。冷却，稀释至 1 000 mL，过滤，滤液呈微绿色，贮于棕色瓶中。临用时，用 1 mol/L 的氢氧化钠溶液滴定，用酚酞作指示剂，根据滴定结果，将试剂稀释至相当于 1 mol/L 的酸浓度。

（3）0.1 mg/mL 牛血清白蛋白（BSA）溶液。

母液：称取 0.1 g 牛血清白蛋白溶于 100 mL 蒸馏水中，配成 1 mg/mL 的溶液。

标准液：取母液 10 mL，蒸馏水定容至 100 mL，配成 0.1 mg/mL 的标准液。

（4）待测样品液：可以用酪蛋白配制，也可用蛋清、牛血清蛋白。

2.仪器耗材

电子天平、分光光度计、水浴锅、试管、烧杯、试剂瓶、容量瓶、药匙、磨口圆底烧瓶、移液管、吸耳球、试管架、胶头滴管、量筒、滤纸、玻璃比色杯、擦镜纸。

四、实验方法

1.绘制标准曲线

取试管 7 支,编号 0～6,按表 2-8 顺序加入各试剂后立即摇匀,于 30℃或室温下放置 10 min。以 0 号管为空白管,于 500 nm 处比色。记下各管吸光度,以每管蛋白质含量为横坐标,对应吸光度为纵坐标,作吸光度-蛋白质含量标准曲线。

表 2-8

试 剂	管 号						
	0	1	2	3	4	5	6
标准牛血清白蛋白/mL	0	0.1	0.2	0.4	0.6	0.8	1.0
蒸馏水/mL	1.0	0.9	0.8	0.6	0.4	0.1	0.0
Folin-酚试剂 A/mL	5.0	5.0	5.0	5.0	5.0	5.0	5.0
				混匀,室温下放置 10 min			
Folin-酚试剂 B/mL	0.5	0.5	0.5	0.5	0.5	0.5	0.5
蛋白质含量/(μg/mL)	0	10	20	40	60	80	100

2.样品测定

另取 2 支试管,分别加 0.2 mL 未知浓度的蛋白质样品液,加 0.8 mL 蒸馏水 5 mL Folin-酚试剂 A,混匀,室温放置 10 min 后再加 0.5 mL Folin-酚试剂 B,于 500 nm 处比色测定吸光值,从标准曲线中查出样品蛋白质浓度。

五、实验结果、计算与分析

(1)使用 Excel 程序绘制标准曲线,计算回归方程。

(2)利用回归方程,取两组测定的平均值按下列公式计算蛋白质的含量:

$$样品蛋白质含量(mg/mL) = Y \times N/V$$

式中,Y 为标准曲线查得的蛋白质的量(mg);N 为稀释倍数;V 为样品所取的体积(mL)。

六、思考题

影响标准曲线准确性的因素有哪些?

七、注意事项

(1)Folin-酚试剂 B 在酸性条件下稳定,碱性条件下(Folin-酚试剂 A)易被破坏,因此加 Folin-酚试剂 B 后要立即混匀,加一管混匀一管,使 Folin-酚试剂 B(磷钼酸)在破坏前即被还原。

(2)按顺序依次加入各试剂。

(3)本法测定原理主要是利用还原反应,故大部分具有还原性的物质均有干扰作用。

(4)测定样品管吸光度时,其吸光值应介于标准曲线范围内,如超出,应适当稀释样品后再测。

内容三 紫外分光光度法测定蛋白质含量

一、实验目的

(1)学习紫外分光光度法测定蛋白质浓度的基本原理和方法。
(2)掌握紫外分光光度法在测定蛋白质浓度中的应用和注意事项。

二、实验原理

蛋白质中酪氨酸和色氨酸残基的苯环含有共轭双键,因此,蛋白质具有吸收紫外光的性质,其最大吸收峰位于 280 nm 附近(不同的蛋白质吸收波长略有差别)。在最大吸收波长处,吸光度与蛋白质溶液的浓度的关系服从朗伯-比尔定律,故可作为蛋白质定量测定的依据。

该测定法具有简单、灵敏、快速、高选择性,且稳定性好,干扰易消除,不消耗样品,低浓度的盐类不干扰测定等优点,故在蛋白质和酶的生化制备中被广泛采用。

该法存在的缺点:

(1)当待测的蛋白质与标准蛋白质中的酪氨酸和色氨酸含量差异较大时,则产生一定误差,故该法适用于测定与标准蛋白质氨基酸组成相似的样品。

(2)不少杂质在 280 nm 波长下也有一定吸收能力,可能发生干扰。其中尤以核酸(嘌呤和嘧啶碱)的影响更为严重,然而核酸的最大吸收峰是在 260 nm。因此,溶液中同时存在核酸时,必须同时测定 A_{260} 与 A_{280},然后根据两种波长的吸收度的比值,通过经验公式校正,以消除核酸的影响而推算出蛋白质的真实含量。

三、试剂与仪器、耗材

1.试剂

(1)1 mg/mL 标准牛血清白蛋白(BSA)溶液:称取 100 mg 牛血清白蛋白溶于 100 mL 蒸馏水中,配成 1 mg/mL 的溶液。

(2)待测样品液:可以用酪蛋白配制,也可用蛋清、牛血清蛋白稀释液。

2.仪器耗材

电子天平、紫外-可见分光光度计、试管、烧杯、试剂瓶、容量瓶、药匙、移液管、吸耳球、试管架、胶头滴管、量筒、滤纸、石英比色杯、擦镜纸。

四、实验方法

1.绘制标准曲线

取试管 6 支,编号 0~5,按表 2-9 加入各试剂。试剂加完后混匀,用光径 1 cm 的石英比色杯,以 0 号管为空白管,在 280 nm 处测其吸光度。记下各管吸光度,以每管蛋白质含量为横坐标,对应吸光度为纵坐标,作吸光度-蛋白质含量标准曲线。

表 2-9

试　剂	管　号					
	0	1	2	3	4	5
标准牛血清白蛋白/mL	0	1.0	2.0	3.0	4.0	5.0
蒸馏水/mL	5.0	4.0	3.0	2.0	1.0	0.0
蛋白质含量/(mg/mL)	0	1.0	2.0	3.0	4.0	5.0

2.样品测定

另取 2 支试管,分别加 1 mL 未知浓度的蛋白质样品液,加 4 mL 蒸馏水,混匀,于 280 nm 处测定吸光值,从标准曲线中查出样品蛋白质浓度。

3.280 nm 和 260 nm 吸收差法

对于含有核酸的蛋白质溶液,可用 0.1 mol/L 磷酸缓冲液(pH=7.0)适当稀释后,以 0.1 mol/L 磷酸缓冲液(pH=7.0)为空白调零,用紫外分光光度计分别在

280 nm 和 260 nm 波长下测得吸光度值,代入经验公式来算出蛋白质溶度。

五、实验结果、计算与分析

(1)使用 Excel 程序绘制标准曲线,计算回归方程。

(2)利用回归方程,取两组测定的平均值按下列公式计算蛋白质的含量:

$$样品蛋白质含量(mg/mL) = Y \times N/V$$

式中,Y 为标准曲线查得的蛋白质的量(mg);N 为稀释倍数;V 为样品所取的体积(mL)。

(3)按以下经验公式计算蛋白质浓度:

$$蛋白质浓度(mg/mL) = 1.45 \times A_{280} - 0.74 \times A_{260}$$

六、思考题

本法与其他测定蛋白质的方法比较有哪些优缺点?

七、注意事项

(1)测定样品管吸光度时,其吸光值应介于标准曲线范围内,如超出,应适当稀释样品后再测。

(2)本实验检测的是紫外光的吸收值,测定时必须使用石英比色杯。

内容四　染料结合法测定蛋白质含量

一、实验目的

(1)学习用染料结合法测定蛋白质浓度的基本原理和方法。

(2)了解染料结合法在测定蛋白质浓度时的优缺点。

二、实验原理

植物体内常含有许多酚类物质和游离氨基酸,这些物质能与 Folin-酚试剂产生颜色反应,这使测定值会高于实际含量。1976 年 Bradford 根据蛋白质与染料相结合的原理建立了考马斯亮蓝染色法来测定生物体内的蛋白质含量。

考马斯亮蓝 G-250(CBG)在酸性溶液中呈茶棕色,在 465 nm 有最大吸收峰。

当与蛋白质结合后其转变成深蓝色,吸收峰移至 595 nm。在一定蛋白质浓度范围内蛋白质浓度与吸光度呈正比,可做定量分析。

蛋白质-染料复合物具有高的消光系数,因此大大提高了蛋白质测定的灵敏度,最低检出量为 1 μg 蛋白,且在 50~1 000 μg/mL 浓度范围内有较好的线性关系。染料与蛋白质的结合是很迅速的过程,大约需 2 min,结合物的颜色在 1 h 内是稳定的。一些阳离子如 K^+、Na^+、Mg^{2+} 还有$(NH_4)_2SO_4$、乙醇等物质不干扰测定,而大量的去污剂如 Triton×100、SDS 等严重干扰测定,少量的去污剂可通过用适当的对照而消除。由于染色法简单迅速,干扰物质少,灵敏度高,现已广泛应用于蛋白质含量的测定。

三、试剂与仪器、耗材

1. 试剂

(1)0.1 mg/mL 牛血清白蛋白(BSA)溶液。

母液:称取 0.1 g 牛血清白蛋白溶于 100 mL 0.15 mol/L NaCl 溶液中,配成 1 mg/mL 的溶液。

标准液:取母液 10 mL,用 0.15 mol/L NaCl 溶液定容至 100 mL,配成 0.1 mg/mL 的标准液。

(2)考马斯亮蓝 G-250(CBG)试剂:称取 100 mg CBG 溶于 50 mL 95%乙醇,加蒸馏水约 800 mL 及 100 mL 85%正磷酸,最后加蒸馏水定容至 1 000 mL。

(3)0.15 mol/L NaCl 溶液。

(4)待测样品液:植物可溶蛋白提取液,或用酪蛋白配制,也可用蛋清,牛血清蛋白稀释液。

2. 仪器耗材

电子天平、可见分光光度计、试管、烧杯、试剂瓶、容量瓶、药匙、移液管、吸耳球、试管架、胶头滴管、量筒、滤纸、玻璃比色杯、擦镜纸。

四、实验方法

1. 绘制标准曲线

取试管 6 支,编号 0~5,按表 2-10 加入各试剂。试剂加完后混匀,室温静置 3 min,以 0 号管为空白管调零,在 595 nm 处测其吸光度。记下各管吸光度,以每管蛋白质含量为横坐标,对应吸光度为纵坐标,作吸光度-蛋白质含量标准曲线。

表 2-10

试　剂	管　号					
	0	1	2	3	4	5
BSA 标准液/mL	0	0.2	0.4	0.6	0.8	1.0
0.15 mol/L NaCl 溶液/mL	1.0	0.8	0.6	0.4	0.2	0.0
CBG/mL	5.0	4.0	3.0	2.0	1.0	0.0
蛋白质含量/$(\mu g/mL)$	0	20	40	60	80	100

2. 样品测定

另取 2 支试管,分别加 0.1 mL 未知浓度的蛋白质样品液,加 0.9 mL 0.15 mol/L NaCl 溶液,再加 5 mL CBG,摇匀,室温静置 3 min,以 0 号管为空白管调零,在 595 nm 处测其吸光度,从标准曲线中查出样品蛋白质浓度。

五、实验结果、计算与分析

(1)使用 Excel 程序绘制标准曲线,计算回归方程。

(2)利用回归方程,取两组测定的平均值按下列公式计算蛋白质的含量:

$$样品蛋白质含量(\mu g/mL) = Y \times N/V$$

式中,Y 为标准曲线查得的蛋白质的量(mg);N 为稀释倍数;V 为样品所取的体积(mL)。

六、思考题

本法与其他测定蛋白质的方法比较有哪些优缺点?

七、注意事项

(1)测定样品管吸光度时,其吸光值应介于标准曲线范围内,如超出,应适当稀释样品后再测。

(2)蛋白质溶液与考马斯亮蓝染色液反应后,复合物最多稳定 1 h,再延长时间可能影响测定结果的准确性。

内容五　BCA 法测定蛋白质含量

一、实验目的

（1）学习用 BCA 法测定蛋白质浓度的基本原理和方法。

（2）了解 BCA 法在测定蛋白质浓度时的优缺点及注意事项。

二、实验原理

二价铜离子在碱性的条件下，可以被蛋白质还原成一价铜离子，一价铜离子和2,2-联喹啉-4,4-二甲酸二钠 BCA（2,2-Biquinoline-4,4-dicarboxylic acid diso-dium salt）试剂相互作用产生敏感的颜色反应。两分子的 BCA 螯合一个铜离子，形成紫色的反应复合物。具体反应式如下：

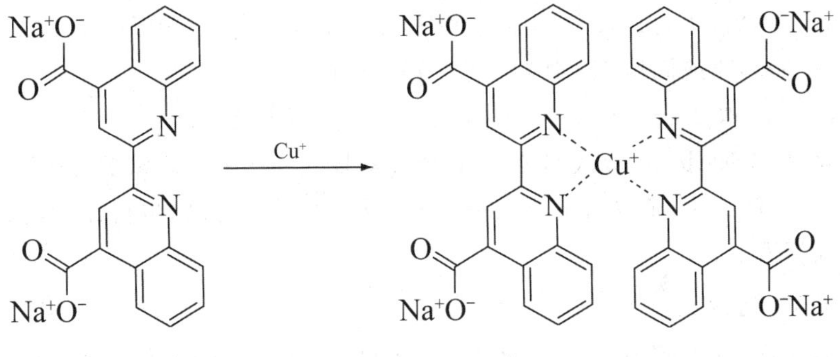

BCA　　　　　　　　　　Cu$_2$（BCA）复合物（紫色）

该水溶性的复合物在 562 nm 处显示强烈的吸光性，吸光度和蛋白浓度在广泛范围内有良好的线性关系，因此根据吸光值可以推算出蛋白浓度。

此方法与 Bradford 蛋白检测法一道，并列成为当今世界上最为常用的两种蛋白浓度检测方法。具有以下特点：

（1）高兼容性。尤其适用于表面活性剂存在下的蛋白浓度检测，如细胞或组织的蛋白提取物。

（2）高敏感度。可精确定量 $1\sim2\,000\ \mu g/mL$ 蛋白样品。

（3）受温度和时间影响较大，需准确定时、定温，以保证蛋白的精确定量。

（4）检测蛋白提取物或纯化蛋白样品，应使用相应的缓冲液制备蛋白标准曲线。同时样品的检测条件要与蛋白标准曲线的检测条件保持一致，如 37℃ 放置

30 min。

(5)562 nm 测定,也可用接近的波长检测,如 570 nm。

(6)此检测试剂不受绝大部分样品中的化学物质的影响,可兼容样品中高达 5％的 SDS,5％的 TritonX-100,5％的 Tween 20、60、80。但受螯合剂和略高浓度的还原剂的影响,需确保 EDTA 低于 10 mmol/L,无 EGTA,二硫苏糖醇低于 1 mmol/L,β-巯基乙醇低于 1 mmol/L。

三、试剂与仪器、耗材

1. 试剂

(1)1.5 mg/mL 牛血清白蛋白(BSA)标准溶液:称取 0.15 g 牛血清白蛋白溶于 100 mL 蒸馏水中,配成 1.5 mg/mL 的标准液。

(2)BCA 试剂的配制。

①试剂 A:分别称取 10 g BCA(1％),20 g $Na_2CO_3 \cdot H_2O$(2％),1.6 g $Na_2C_4H_4O_6 \cdot 2H_2O$(0.16％),4 g NaOH(0.4％),9.5 g $NaHCO_3$(0.95％),加水至 1 L,用 NaOH 或固体 $NaHCO_3$ 调节 pH 至 11.25。

②试剂 B:取 2 g $CuSO_4 \cdot 5H_2O$(4％),加蒸馏水至 50 mL。

③BCA 试剂:取 50 份试剂 A 与 1 份试剂 B 混合均匀。此试剂可稳定 1 周。

(3)待测样品液:植物可溶蛋白提取液,或用酪蛋白配制,也可用蛋清、牛血清白蛋白稀释液。

2. 仪器耗材

电子天平、pH 计、可见分光光度计、试管、烧杯、试剂瓶、容量瓶、药匙、移液管、吸耳球、微量移液器、试管架、胶头滴管、量筒、滤纸、玻璃比色杯、擦镜纸。

四、实验方法

1. 绘制标准曲线

取试管 6 支,编号 0~5,按表 2-11 加入各试剂。试剂加完后混匀,37℃温浴 30 min,以 0 号管为空白管调零,在 562 nm 处测其吸光度。记下各管吸光度,以每管蛋白质含量为横坐标,对应吸光度为纵坐标,作吸光度-蛋白质含量标准曲线。

2. 样品测定

另取 2 支试管,分别加 0.1 mL 未知浓度的蛋白质样品液,加 BCA 试剂 2 mL,摇匀,37℃温浴 30 min,以 0 号管为空白管调零,在 562 nm 处测其吸光度,从标准曲线中查出样品蛋白质浓度。

表 2-11

试 剂	管 号					
	0	1	2	3	4	5
BSA 标准液/μL	0	20	40	60	80	100
蒸馏水/μL	100	80	60	40	20	0
BCA 试剂/mL	2.0	2.0	2.0	2.0	2.0	2.0
蛋白质含量/(μg/mL)	0	30	60	90	120	150

五、实验结果、计算与分析

(1)使用 Excel 程序绘制标准曲线,计算回归方程。

(2)利用回归方程,取两组测定的平均值按下列公式计算蛋白质的含量:

$$样品蛋白质含量(μg/mL)=Y×N/V$$

式中,Y 为标准曲线查得的蛋白质的量(mg);N 为稀释倍数;V 为样品所取的体积(mL)。

六、思考题

本法与其他测定蛋白质的方法比较有哪些优缺点?

七、注意事项

BCA 试剂的蛋白质测定范围是 $20\sim200$ μg/mL,如样品浓度超出此范围,为准确获得样品蛋白质浓度,应适当稀释样品后再测。

实验五 脯氨酸含量测定

一、实验目的

(1)学习掌握用比色法测定植物组织中脯氨酸含量的基本原理和方法。

(2)了解脯氨酸在植物抗逆性响应中的意义。

二、实验原理

植物在正常环境条件下,游离脯氨酸含量很低,但遇到干旱、低温、盐碱等逆境时,游离脯氨酸便大量积累,并且其积累量与植物的抗逆性有关。植物体内脯氨酸含量在一定程度上反映了植物的抗旱性,抗旱性强的品种往往积累较多的脯氨酸,因此测定脯氨酸含量可以作为抗旱育种的生理指标。另外,由于脯氨酸亲水性极强,能稳定原生质胶体及组织内的代谢过程,因而能降低冰点,有防止细胞脱水的作用。在低温条件下,植物组织中脯氨酸增加,可提高植物的抗寒性,因此,亦可作为抗寒育种的生理指标。因此测定植物体内游离脯氨酸的含量在一定程度上可以判断逆境对植物的危害程度和植物对逆境的抵抗力。

用磺基水杨酸提取植物样品时,脯氨酸便游离于磺基水杨酸的溶液中,然后用酸性茚三酮加热处理后,脯氨酸与茚三酮反应生成稳定的红色缩合物,使溶液呈红色,再用甲苯处理,则色素全部转移至甲苯中,色素在 520 nm 处有最大吸收峰,色素的深浅即表示脯氨酸含量的高低。可以用分光光度法测定。

三、试剂与仪器、耗材

1. 试剂

(1)3% 磺基水杨酸。

(2)冰醋酸。

(3)甲苯(使用完勿弃入下水道,请回收)。

(4)2.5% 酸性茚三酮溶液:60 mL 冰醋酸、16.4 mL 磷酸加蒸馏水定容至100 mL,再加入 2.5 g 茚三酮,溶解后避光保存。

(5)脯氨酸标准液:精确称取 50 mg 脯氨酸,倒入小烧杯内,用少量蒸馏水溶解,然后倒入 500 mL 容量瓶中,加蒸馏水定容至刻度,此标准液中脯氨酸浓度100 μg/mL。

(6)实验材料:植物幼苗,未处理叶片作为对照,100 mmol/L、200 mmol/L、300 mmol/L NaCl 处理 48 h 叶片。

2. 仪器耗材

电子天平、pH 计、可见分光光度计、离心机、恒温水浴锅、20 mL 大试管、20 mL 带塞试管、烧杯、试剂瓶、容量瓶、药匙、移液管、吸耳球、微量移液器、试管架、胶头滴管、量筒、漏斗、滤纸、剪刀、玻璃比色杯、擦镜纸。

四、实验方法

1. 绘制标准曲线

取试管 6 支,编号 1~6,按表 2-12 加入各试剂。加完试剂后,摇匀,置于沸水浴中加热 30 min。取出冷却,各试管再加入 4 mL 甲苯,振荡 30 s,静置片刻,使色素全部转至甲苯溶液。用微量移液器吸取各管上层甲苯溶液至比色杯中,以甲苯溶液为空白对照,于 520 nm 波长处进行比色。记下各管吸光度,以每管脯氨酸含量为横坐标,对应吸光度为纵坐标,作吸光度-脯氨酸含量标准曲线。

表 2-12

试　剂	管　号					
	1	2	3	4	5	6
脯氨酸标准液/mL	0.0	0.02	0.04	0.06	0.08	0.10
蒸馏水/mL	1.0	0.98	0.98	0.94	0.92	0.90
冰醋酸/mL	2.0	2.0	2.0	2.0	2.0	2.0
酸性茚三酮溶液/mL	2.0	2.0	2.0	2.0	2.0	2.0
标准脯氨酸含量/μg	0.0	2.0	4.0	6.0	8.0	10.0

2.样品测定

(1)脯氨酸的提取:准确称取不同处理的待测植物叶片各 0.2 g(每种处理至少做三个平行),加 2 mL 3%磺基水杨酸研磨提取,分别转移至试管中,然后向各管分别再加入 3 mL 3%的磺基水杨酸溶液,在沸水浴中提取 10 min(提取过程中要经常摇动),冷却后过滤于干净的试管中,即为脯氨酸的提取液(预先湿润滤纸,尽量全部收集脯氨酸提取液)。

(2)脯氨酸含量的测定:吸取 1 mL 提取液于另一干净的带玻璃塞试管中,加入 2 mL 冰醋酸及 2 mL 酸性茚三酮试剂,封口以防过分蒸发,在沸水浴中加热 30 min,溶液即呈红色。冷却后加入 4 mL 甲苯,摇荡 30 s,静置片刻。待色素全部转移至甲苯中后,用微量移液器轻轻吸取上层红色甲苯溶液于比色杯中,以甲苯为空白对照,在分光光度计上 520 nm 波长处比色,求得吸光度值。

五、实验结果、计算与分析

(1)使用 Excel 程序绘制标准曲线,计算回归方程。

(2)利用回归方程,按下列公式计算各植物组织中脯氨酸的含量:

$$脯氨酸含量(μg/g) = C \times N/m$$

式中,C 为标准曲线查得的脯氨酸的量(μg);N 为稀释倍数,本实验中稀释倍数为 5;m 为植物样品质量(g)。

(3)分析各种胁迫条件下植物组织中脯氨酸含量的变化,解释原因。

六、思考题

植物体内游离脯氨酸测定有何意义？

七、注意事项

(1)配置的酸性茚三酮溶液仅在 24 h 内稳定,因此最好现用现配。
(2)试剂添加次序不能出错。

实验六　氨基酸纸层析

一、实验目的

(1)了解并掌握氨基酸纸层析的原理、意义和具体操作。
(2)了解不同溶剂体系对样品的分离效果。
(3)了解氨基酸的一些理化性质。

二、实验原理

纸层析法是以滤纸作为惰性支持物的分配层析。滤纸纤维上羟基具有亲水性,因此吸附水作为固定相,通常把有机溶剂作为流动相。将样品点在滤纸上,进行展层,样品中的各种氨基酸在两相溶剂中不断进行分配。由于它们的分配系数不同,不同氨基酸随流动相移动的速率就不同,于是就将这些氨基酸分离开来,形成距原点不等的层析点。

分配层析法是利用物质在两种或两种以上不同的混合溶剂中的分配系数不同,而达到分离目的的一种实验方法。在一定条件下,一种物质在某种溶剂系统中的分配系数 α 是一个常数。

分配系数(α)＝溶质在固定相的浓度(C_S)/溶质在流动相的浓度(C_L)

溶剂系统:正丁醇：甲酸：水＝15：3：2。固定相:水和滤纸纤维素有较强的亲和力,因而其扩散作用降低形成固定相。流动相:有机溶剂和滤纸亲和力弱,所以在滤纸毛细管中自由流动,形成流动相。

由于混合液中各种氨基酸的 α 值不同,移动速率(即迁移率 R_f 值)不同,溶质在滤纸上的移动速率用 R_f 值表示:

$$R_f＝原点到层析点中心的距离/原点到溶剂前沿的距离$$

R_f 决定于被分离物质在两相间的分配系数以及两相间的体积比。由于在同一实验条件下,两相体积比是一常数,所以主要决定于分配系数。不同物质分配系数不同,R_f 也就不同。氨基酸无色,利用茚三酮反应,可将氨基酸层析点显色作定性、定量用。

三、试剂与仪器、耗材

1. 试剂

(1)氨基酸标准溶液:亮氨酸、缬氨酸、脯氨酸、苏氨酸、赖氨酸标准品和混合氨基酸(见附录第六节)。

(2)溶剂系统:正丁醇∶冰醋酸∶水=4∶1∶5(体积比),摇匀。

(3)显色剂:0.1% 的茚三酮水饱和正丁醇溶液。

2. 仪器与耗材

毛细管、烘箱、层析缸、层析滤纸、小型玻璃喷雾器、铅笔、直尺。

四、实验方法

1. 样品的准备

准备 5 种氨基酸标准液和混合氨基酸溶液。

2. 滤纸准备

取圆形滤纸 15 cm×15 cm 一张,在其中心用圆规画直径 2 cm 的内圆,再将其内圆分为 6 等,每一等作为一个作点样,在点线上画一个"。"作为点样位置,共 6 个点。

3. 点样

氨基酸点样量以每种氨基酸含 10 μg 为宜,用毛细管吸取氨基酸样品点于原点,分别在每个点样处点样 3 次,每点一次晾干后再点第二次,点样点的直径应控制在 2 mm 左右,最好做上某种氨基酸的点样记号。

在整个操作过程中,有条件者可戴上乳胶手套或指套,以避免污染滤纸。同时在滤纸上做记号时一律用铅笔,不能使用钢笔或圆珠笔,以防污染而影响实验结果。

4. 层析

取直径 15 cm 培养皿一套,在下层培养皿内加入 50 mL 层析溶剂,将点好样品的滤纸中央剪一小孔,小孔内置滤纸芯,滤纸面点样点朝下放到盛有层析液的培养皿上,将另一个培养皿盖上,密闭平衡 15 min。**切记:勿将内置滤纸芯接触液体!** 15 min 后,将滤纸芯向下接触层析液,平衡好的滤纸开始进行层析。等待溶剂前沿走到滤纸边缘 2 cm 处时,层析结束,去除滤纸芯。用铅笔标出溶剂前沿位置,将滤纸放入 80℃烘箱中烘干,约 5 min。

5.显色

用喷雾器将 0.1%茚三酮显色剂均匀喷在滤纸上,注意不要喷印太多。将层析滤纸再次放入 80℃烘箱中烘干,显色约 5 min,即能显现各种氨基酸的色斑。

6.结果和计算

显色完毕后,用铅笔将各色谱的轮廓和中心点描绘出来,然后用直尺量出由原点到色谱中心点和溶剂前沿的距离,计算出各种色谱的 R_f 值;借助各种氨基酸的特有颜色,分别与标准氨基酸对比,即可鉴定为何种氨基酸,从而可知 R_f 值样品中所含氨基酸的种类。先计算出单个氨基酸种类,再计算出混合氨基酸的 R_f 值,推断出是何种氨基酸。

五、实验结果、计算与分析

(1)用铅笔将层析色谱轮廓和中心点描出来。

(2)测量原点至色谱中心和至溶剂前沿的距离,计算各种已知氨基酸和未知氨基酸的 R_f 值。

(3)分析混合样品中未知氨基酸的组分。

六、思考题

(1)分析影响分配系数的因素有哪些?

(2)何谓分配层析法,分配系数?

七、注意事项

(1)层析缸要预先饱和,展开剂勿附着于大试管内壁。

(2)点样量要适当,太少效果不明显,太多分离不好。要求点样直径不超过 0.5 cm。

(3)无论在准备工作中还是以后的实验过程中,都不要用手触摸纸条中部,因为手上污物或皮屑落在纸上会产生多余斑点而干扰实验结果。

(4)样品点不能浸入展开剂中。废液倒在废液桶中统一拿到废液池中处理。

实验七　牛乳中酪蛋白制备与鉴定

一、实验目的

(1)学习从牛乳中制备酪蛋白的方法。

(2)了解从牛乳中制备酪蛋白的原理。

二、实验原理

牛乳是一种乳状液,主要由水、脂肪、蛋白质、乳糖和盐组成。牛乳中的主要蛋白质是酪蛋白,含量约为 3.5 g/100 mL。酪蛋白是含磷蛋白质的混合物,相对密度 1.25～1.31,不溶于水、醇、有机溶剂,等电点为 4.8。利用等电点时溶解度最低的原理,将牛乳的 pH 调至 4.8 时,酪蛋白就沉淀出来。用乙醇洗涤沉淀物,除去脂质杂质后便可得到纯的酪蛋白。蛋白质是两性化合物,当调节牛奶的 pH 达到酪蛋白的等电点(pH 4.8)时,蛋白质所带正、负电荷相等,呈电中性,此时酪蛋白的溶解度最小,会从牛奶中沉淀出来,以此分离酪蛋白。因酪蛋白不溶于乙醇和乙醚,可用此两种溶剂除去酪蛋白中的脂肪。

三、试剂与仪器、耗材

1.试剂

(1)95％ 乙醇。

(2)无水乙醚。

(3)0.2 mol/L 的乙酸-乙酸钠缓冲液(pH 4.6),见附录附表 7。

(4)乙醇-乙醚混合液:乙醇：乙醚＝1∶1(体积比)。

(5)10％ 氯化钠。

(6)0.5％ 碳酸钠。

(7)0.1 mol/L 氢氧化钠,1％ NaOH。

(8)0.2％ 盐酸。

(9)饱和氢氧化钙溶液。

2.仪器与耗材

滤纸、抽滤装置、pH 试纸、恒温水浴锅、试管。

四、实验方法

1.酪蛋白的制备

(1)量取 5 mL 牛奶置于 25 mL 刻度试管中,慢慢加入 5 mL 预热至 40℃的乙酸-乙酸钠缓冲液(pH 4.7)。40℃保温 10 min,使沉淀完全。

(2)将上述悬浮液冷却至室温,2 000 r/min 离心 5 min,弃去上清液。

(3)往沉淀物中加入 3 mL 蒸馏水,混匀后 2 000 r/min 离心 5 min,弃去上清液。

(4)将洗净的沉淀物加入 3 mL 无水乙醇,混匀后 2 000 r/min 离心 5 min,弃去上清液,得到酪蛋白粗制品。

(5)将沉淀物全部摊开在已称过重的滤纸上,置于 25℃烘箱中烘干。

(6)准确称重,计算牛乳中酪蛋白含量(g/5 mL),并与理论含量为 0.175 g/5 mL 牛乳相比较,求出实际得率。

2.酪蛋白的性质鉴定

(1)溶解度:取 6 支 10 mL 试管,分别加入蒸馏水、10%氯化钠、0.5%碳酸钠、0.1 mol/L 氢氧化钠、0.2%盐酸及饱和氢氧化钙各 1 mL。于每管中加入少量相同质量的酪蛋白粉末,不断摇荡,观察并记录各管中酪蛋白的溶解度。

(2)酪蛋白的颜色反应见本章实验一。

五、实验结果、计算与分析

(1)酪蛋白含量(g/mL)=酪蛋白质量(g)/5 mL。

(2)得率=(测得含量/理论含量)×100%。

(3)酪蛋白溶于哪些溶液?

(4)酪蛋白的颜色反应分析。

六、思考题

(1)为什么调整溶液的 pH 可以将酪蛋白沉淀出来?

(2)试设计一个利用蛋白质其他性质提取蛋白质的实验。

实验八 SDS-PAGE 电泳测定 蛋白质相对分子质量

一、实验目的

(1)了解 SDS-PAGE 垂直板型电泳法的基本原理及操作技术。

(2)学习并掌握 SDS-PAGE 法测定蛋白质相对分子质量的技术。

二、实验原理

在蛋白质混合样品中,各蛋白质组分的迁移率主要取决于分子本身大小、形状以及所带净电荷的多少。SDS-PAGE 电泳法,即十二烷基硫酸钠—聚丙烯酰胺凝胶电泳法,在聚丙烯酰胺凝胶系统中,加入一定量的十二烷基硫酸钠(SDS),SDS 是一种阴离子表面活性剂,加到电泳系统中能使蛋白质的氢键和疏水键打开,并结合到蛋白质分子上(在一定条件下,大多数蛋白质与 SDS 的结合比为 1.4 g SDS/1 g 蛋白质),使各种蛋白质—SDS 复合物都带上相同密度的负电荷,其数量远远超过了蛋白质分子原有的电荷量,从而掩盖了不同种类蛋白质间原有的电荷差别。此时,蛋白质分子的电泳迁移率主要取决于它的分子质量大小,而其他因素对电泳迁移率的影响几乎可以忽略不计。当蛋白质的分子质量在 15 000～200 000 时,电泳迁移率与分子质量的对数值呈直线关系,符合方程:

$$\lg Mr = K - bmR$$

式中,Mr 为蛋白质的分子质量;K 为常数;b 为斜率;mR 为相对迁移率。

在条件一定时,b 和 K 均为常数。若将已知分子质量的标准蛋白质的迁移率对分子质量的对数作图,可获得一条标准曲线。未知蛋白质在相同条件下进行电泳,根据它的电泳迁移率即可在标准曲线上求得分子质量。

不连续变性聚丙烯酰胺凝胶电泳是使用最广泛的凝胶电泳。不连续是指电泳的 pH 不连续(样品浓缩胶缓冲液 pH 6.8,电极缓冲液 pH 8.3,分离胶缓冲液 pH 8.8)、凝胶不连续(一般分成样品浓缩胶和样品分离胶两层)。不连续 SDS-PAGE 具有 3 种效应分离蛋白质:①电荷效应。各种酶蛋白按其所带电荷的种类及数量,在电场作用下向一定方向、以一定速度进行泳动。②分子筛效应。分子质量小,形状为球形的分子在电泳过程中受到阻力较小,移动较快;反之,分子质量大,形状不规则的分子,电泳过程中受到的阻力较大,移动较慢。这种效应与凝胶过滤过程中的情况不同。③浓缩效应。待分离样品中的各组分在浓缩胶中会被压缩成一层,而使原来很稀的样品得到高度浓缩。

三、试剂与仪器、耗材

1. 试剂

(1)标准蛋白质。

(2)N,N,N′,N′-四甲基二乙胺(TEMED)。

(3)10% 过硫酸铵(AP):称取 100 mg 过硫酸铵,蒸馏水定容到 1 mL,现用现配。

(4)凝胶贮液(N):称 ACR 14.6 g 及 Bis 0.4 g,溶于重蒸水中,最后定容至 50 mL,过滤后置棕色试剂瓶中,4℃贮存。

(5)分离胶缓冲液(L):称取 Tris 4.53 g、SDS 0.1 g 溶于蒸馏水中,用 HCl 调到 pH 8.8,定容至 50 mL。

(6)浓缩胶缓冲液(M):称取 Tris 3.03 g、SDS 0.2 g 溶于蒸馏水中,用 HCl 调到 pH 6.8,定容至 50 mL。

(7)电泳缓冲液:称取 Tris 15 g、甘氨酸 72 g、SDS 5 g,用无离子水溶解后定容至 500 mL。

(8)染色液:0.5%～1.0% 考马斯亮蓝 G-250,40% 工业酒精,10% 冰乙酸,49%～49.5% H_2O。

(9)脱色液:40% 工业酒精,10% 冰乙酸,90%～93% 蒸馏水。

(10)固定液:7%～10% 冰乙酸,90%～93% 蒸馏水,少量甘油。

(11)上样缓冲液:3.75 mL H_2O,0.625 mL M 液,SDS 100 mg,巯基乙醇 0.25 mL,甘油 0.5 mL,0.02% 溴酚蓝 2 mg。

(12)0.02 pH 7.2 磷酸缓冲液(用来溶解标准蛋白质及待测固体蛋白质):0.2 mol/L pH 7.2 磷酸缓冲液 0.5 mL,加重蒸水至 5 mL。见附录附表 4。

2. 仪器耗材

垂直板型电泳槽、直流稳压电源、50 μL 或 100 μL 微量注射器、玻璃板、水浴锅、染色槽、烧杯、电子天平、脱色摇床、电炉。

四、实验方法

1. 样品处理

将待测样品、标准蛋白质样品分别加入等体积的上样缓冲液,如待测样品为固体,可用 0.02 mol/L pH 7.2 磷酸缓冲液溶解后加入等体积上样缓冲液。放入沸水浴中加热 3 min,取出冷却室温,以消除亚稳态聚合。

2. 凝胶系统和制胶

(1)安装夹心式垂直板电泳槽:目前,夹心式垂直板电泳槽有很多型号,虽然设置略有不同,但主要结构相同,且操作简单,不易泄漏。可根据具体不同型号要求进行操作。主要注意:安装前,胶条、玻板、槽子都要洁净干燥;勿用手接触灌胶面的玻璃。

(2)配胶:根据所测蛋白质分子质量范围,选择适宜的分离胶浓度。本实验采用 SDS-PAGE 不连续系统,按表 2-13 的配制分离胶和浓缩胶。

表 2-13　配制不同浓度分离胶所需各种试剂用量

贮液	凝胶浓度/%				
	5	7.5	10	12	15
L/mL	2.5	2.5	2.5	2.5	2.5
N/mL	1.68	2.5	3.35	4.0	5.0
H_2O/mL	5.66	4.85	4.0	3.35	2.35
TEMED/μL	5	5	5	5	5
10%AP/μL	50	50	50	50	50

①分离胶制备。按表配制 20 mL 10%分离胶,混匀后用细长头滴管将凝胶液加至长、短玻璃板间的缝隙内至合适高度,再用 1 mL 注射器取少许蒸馏水,沿长玻璃板板壁缓慢注入 3~4 mm 高,以进行水封。约 30 min 后,凝胶与水封层间出现折射率不同的界限,则表示凝胶完全聚合。倾去水封层的蒸馏水,再用滤纸条吸去多余水分。

②浓缩胶的制备。按表 2-14 配制浓缩胶,混匀后用细长头滴管将浓缩胶加到已聚合的分离胶上方,直至距离短玻璃板上缘约 0.5 cm 处,轻轻将样品槽模板插入浓缩胶内,避免带入气泡。约 30 min 后凝胶聚合,再放置 20~30 min。待凝胶凝固,小心拔去样品槽模板,用窄条滤纸吸去样品凹槽中多余的水分,将电泳缓冲液倒入上、下贮槽中,应没过短板约 0.5 cm 以上,即可准备加样。

表 2-14　浓缩胶配方

H_2O/mL	N/mL	M/mL	TEMED/μL	10%AP/μL
4.5	1.15	1.9	5	50

（3）样品上样。一般加样体积为 $10\sim15\ \mu L$（即 $2\sim10\ \mu g$ 蛋白质）。如样品较稀,可增加加样体积。用微量注射器小心将样品通过缓冲液加到凝胶凹形样品槽底部,待所有凹形样品槽内都加了样品,即可开始电泳。

（4）电泳。将直流稳压电泳仪开关打开,开始时将电流调至 10 mA。待样品进入分离较时,将电流调至 $20\sim30$ mA。当蓝色染料迁移至底部时,将电流调回到零,关闭电源。拔掉固定板,取出玻璃板,用刀片轻轻将一块玻璃撬开移去,在胶板一端切除一角作为标记,将胶板移至大培养皿中染色。

（5）染色及脱色。将染色液倒入培养皿中,染色 1 h 左右,用蒸馏水漂洗数次,再用脱色液脱色,直到蛋白区带清晰,即用直尺分别量取各条带与凝胶顶端的距离。脱色后的凝胶放在 7% 醋酸溶液中,可以长期保存。

五、实验结果、计算与分析

（1）相对迁移率 R_m＝样品迁移距离（cm）/染料迁移距离（cm）。

（2）以标准蛋白质分子质量的对数对相对迁移率作图,得到标准曲线,根据待测样品相对迁移率,从标准曲线上查出其分子质量。

六、思考题

（1）SDS-聚丙烯酰胺凝胶电泳与聚丙烯酰胺凝胶电泳原理上有何不同?

（2）用 SDS-凝胶电泳法测定蛋白质分子质量时为什么要用巯基乙醇?

（3）用 SDS-聚丙烯酰胺凝胶电泳测定蛋白质的分子质量,为什么有时和凝胶层析法所得结果有所不同? 是否所有的蛋白质都能用 SDS-凝胶电泳法测定其分子质量? 为什么?

七、注意事项

（1）不是所有的蛋白质都能用 SDS-凝胶电泳法测定其分子质量,已发现有些蛋白质用这种方法测出的分子质量是不可靠的。包括:电荷异常或构象异常的蛋白质,带有较大辅基的蛋白质（如某些糖蛋白）以及一些结构蛋白如胶原蛋白等。例如,组蛋白 F1,它本身带有大量正电荷,因此,尽管结合了正常比例的 SDS,仍不能完全掩盖其原有正电荷的影响,它的分子质量是 21 000,但 SDS-凝胶电泳测定的结果却是 35 000。因此,最好至少用两种方法来测定未知样品的分子质量,互相验证。

（2）有许多蛋白质,是由亚基（如血红蛋白）或两条以上肽链（如 α-胰凝乳蛋白酶）组成的,它们在 SDS 和巯基乙醇的作用下,解离成亚基或单条肽链。因此,对于这一类蛋白质,SDS-凝胶电泳测定的只是它们的亚基或单条肽链的分子质量,而不是完整分子的分子质量。为了得到更全面的资料,还必须用其他方法测定其分子质量及分子中肽链的数目等,与 SDS-凝胶电泳的结果互相参照。

实验九　血清免疫球蛋白 IgG 的分离纯化

一、实验目的

(1)掌握血清免疫球蛋白 IgG 提取、分离、纯化的相关原理。
(2)熟悉血清免疫球蛋白 IgG 提取、分离、纯化的操作过程和方法。

二、实验原理

IgG 是血清中主要的免疫球蛋白,占全部抗体含量的 $70\%\sim75\%$,在临床免疫学检验技术中常用到的第二抗体就是通过用纯化人 IgG 作抗原免疫动物而来。

随着免疫学的发展和需要,免疫球蛋白的纯化和其成分的提纯成为必不可少的手段。纯化的方法很多,有单一法,但大多数采用二步法以上相结合的方法,特别是以硫酸铵提纯为基础,再经过层析柱的方法来提高免疫球蛋白及其各成分的纯度最为常用。

蛋白质在水溶液中的溶解度是由蛋白质周围亲水基团与水形成水化膜的程度,以及蛋白质分子带有电荷的情况决定的。当用中性盐加入蛋白质溶液,中性盐(常用硫酸铵溶液)能使蛋白质胶体脱水并中和其电荷而使蛋白质溶解度降低而沉淀下来(称为盐析)。不同浓度的硫酸铵盐析蛋白成分不同,利用这一原理提取所需的免疫球蛋白成分。盐析只能粗提,为了获得纯化的免疫球蛋白成分,必须进一步采用层析的方法进行分离。

免疫球蛋白包括 IgG、IgM、IgA、IgE 和 IgD。

三、试剂与仪器、耗材

(1)动物血清。
(2)硫酸铵饱和溶液。称取硫酸铵 $800\sim850$ g 加 H_2O 至 $1\,000$ mL,加热至绝大部分溶质溶解为止,趁热过滤,置室温过夜,然后以 28% NH_4OH 调 pH 至 7.0(不调 pH 也可以)。**注:硫酸铵以质量优者为佳,因次品中含有少量重金属对蛋白质巯基有影响。如次品必须除去重金属,可在溶液中通入 H_2S,静置过夜后过滤,加热蒸发 H_2S 即可。**

（3）0.01 mol/L pH 7.4 磷酸缓冲液（PB）：见附录。

（4）1% BaCl$_2$ 溶液。

（5）纳氏液：称取 HgI 115 g 和 KI 80 g，加 H$_2$O 至 500 mL 溶化后过滤，然后再加 20% NaOH 500 mL，混合即可。

（6）0.50 mol/L 的 HCl 液和 0.50 mol/L 的 NaOH 液。

（7）洗脱液：0.03 mol/L 的 NaCl 液。

（8）透析袋（或玻璃纸）。

四、实验方法

（1）取 20 mL 血清，加生理盐水 20 mL，再逐滴加入（NH$_4$）$_2$SO$_4$ 饱和溶液 10 mL，使成 20%（NH$_4$）$_2$SO$_4$ 溶液，边加边搅拌，充分混合后，静置 30 min。

（2）3 000 r/min 离心 20 min，弃去沉淀，以除去纤维蛋白。

（3）在上清液中再加饱和（NH$_4$）$_2$SO$_4$ 溶液 30 mL，使成 50%（NH$_4$）$_2$SO$_4$ 溶液，充分混合，静置 30 min。

（4）3 000 r/min 离心 20 min，弃上清液。

（5）于沉淀中加 20 mL 生理盐水，使之溶解，再加（NH$_4$）$_2$SO$_4$ 饱和溶液 10 mL，使成 33%（NH$_4$）$_2$SO$_4$ 溶液，充分混合后，静置 30 min。

（6）3 000 r/min 离心 20 min，弃上清液，以除去白蛋白，沉淀为 γ-球蛋白。重复步骤（5）2～3 次。

（7）用 10 mL 生理盐水溶解沉淀，装入透析袋。

（8）透析除盐，在常水中透析过夜，再在生理盐水中于 4℃透析 24 h，中间换液数次。

以 1% BaCl$_2$ 检查透析液中的 SO$_4^{2-}$ 或以纳氏试剂检查 NH$_4^+$（取 3～4 mL 透析液，加试剂 1～2 滴，出现砖红色即认为有 NH$_4^+$ 存在），直至无 SO$_4^{2-}$ 或 NH$_4^+$ 存在为止。也可采用 Sephadex G25 或电透析除盐。

（9）离心去沉淀（去除杂蛋白），上清液即为粗提 IgG（即 γ-球蛋白，如以 36% 的饱和硫酸铵沉淀血清的产物即为优球蛋白，Euglobin，含 γ-球蛋白）。

（10）过 DEAE-纤维素层析柱。以 0.01 mol/L pH 7.4 PBS（0.03 mol/L NaCl）洗脱，收集洗脱液。也可采用 Sephadex G150 或 G200 柱。

（11）蛋白质及其定量鉴定（见本章实验三）。

（12）IgG 的纯度鉴定可采用下列方法之一鉴定。

①区带电泳。玻片琼脂或醋酸纤维膜电泳均可。加样电泳后，只在 γ-球蛋白的迁移部位出现一条带。操作时，同时可用全血清样品、不同浓度（NH$_4$）$_2$SO$_4$ 盐

析样品进行电泳,以资比较。

②琼脂双相双扩散鉴定。预先准备用该 IgG 免疫异种动物所获的抗 IgG 血清。将 IgG 与抗 IgG 血清进行双相双扩散,如 IgG 提纯的话,则在两样品孔之间出现一条沉淀线。

③免疫电泳鉴定。孔内加待测样品,电泳后,在槽内加抗 IgG 血清,琼脂扩散24 h,观察结果。如果提取的 IgG 纯的话,则只出现一条弧形的沉淀线,且沉淀线位于 γ-球蛋白区。此鉴定必须同时进行全血清及抗血清抗体的免疫电泳,以资比较。

④圆盘电泳鉴定。用全血清样品及提纯样品同时进行圆盘电泳。全血清样品在圆盘电泳上出现数十条区带,而纯化的 IgG 则只有一条区带。

(13)IgG 的浓缩与保存。

①IgG 的浓缩。一般浓缩至 1‰ 以上的浓度,再分装成小瓶冻干保存。

②IgG 的保存。加 0.01‰ 硫柳汞在普通冰箱或低温冰箱保存,注意防止反复冻融。

五、实验结果、计算与分析

写出每一步观察到的现象。

六、思考题

(1)盐析法提取免疫球蛋白的实验原理是什么?

(2)盐析法提取免疫球蛋白时,主要的影响因素有哪些?

七、注意事项

(1)蛋白质的浓度、盐的浓度、pH、温度对盐析的效果有影响。

(2)饱和硫酸铵溶液的滴加方式,要逐滴缓慢加入。

(3)盐析后放置时间不易过短,需 30 min 以上,注意离心操作的速度和时间。

实验十　胰蛋白酶抑制剂的
分离纯化和活性测定

一、实验目的

(1)了解胰蛋白酶抑制剂的制备方法。

(2)了解胰蛋白酶抑制剂抑制活性测定的原理和方法。

二、实验原理

蛋白酶抑制剂普遍存在于植物界中,植物蛋白酶抑制剂是一类天然抗虫物质,是植物抗虫基因工程的重要目的基因来源。近年来已获得数十种不同种类的蛋白酶抑制剂的转基因植物,对目的害虫均有较强的抗性。胰蛋白酶抑制剂是对胰蛋白酶有抑制活性的蛋白质,利用蛋白质可溶于水或提取液中的性质,可用水或提取液从富含胰蛋白酶抑制剂的材料中抽提胰蛋白酶抑制剂,利用盐析使胰蛋白酶抑制剂沉淀出来,得到含有胰蛋白酶抑制剂的蛋白质制品。在制备过程中通过测定对胰蛋白酶的抑制活性进行跟踪检测。

胰蛋白酶可作用于其底物苯甲酰-*L*-精氨酰-对硝基苯胺(BAPNA),使BAPNA发生水解,生成苯甲酰-*L*-精氨酸和淡茶色的对硝基苯胺,使溶液变成淡茶色。如果在此活性测定系统中加入过量的胰蛋白酶抑制剂,过量的抑制剂与胰蛋白酶竞争底物,抑制了胰蛋白酶的水解活性,不能使底物水解,无对硝基苯胺的生成,不能使溶液变成淡茶色,而呈现无色,从而表现出胰蛋白酶的抑制活性。本实验以大豆为主要原料,制备胰蛋白酶抑制剂,并测定其抑制活性。

BAPNA   BA   p-NA

三、试剂与仪器、耗材

1.试剂

(1)0.2 mol/L Na_2HPO_4,0.2 mol/L NaH_2PO_4。

(2)0.8 mol/L 磷酸缓冲液:36 mL 0.2 mol/L Na_2HPO_4 与 14 mL

0.2 mol/L NaH_2PO_4 混合,用蒸馏水定容到 500 mL。

(3)固体硫酸铵。

(4)2 mol/L HCl 和 10 mol/L NaOH。

(5)60％ 乙酸溶液(V/V)。

(6)底物缓冲液:0.1 mmol/L pH 8.1 Tris-HCl 缓冲液(内含 0.4％的氯化钙)。

(7)1 mmol/L BAPNA 水溶液。

(8)20 mg/mL 胰蛋白酶溶液:用 0.001 mol/L 盐酸配制。

2.仪器、耗材

新鲜材料(大豆、苦豆子、豇豆等)、绞碎机、纱布、台式高速冷冻离心机、微量移液器、pH 试纸、恒温水浴锅、电子天平、玻璃试管、烧杯、量筒、离心管。

四、实验方法

1.胰蛋白酶抑制剂粗提物的制备和分离纯化

(1)取新鲜材料(大豆、苦豆子、豇豆等),按材料：水＝1∶8 的比例(V/V)加入水并充分研碎,以破坏细胞,使胰蛋白酶抑制剂释放到水中。

(2)用纱布对提取液做初次过滤,滤渣反复 3 次抽提并合并抽提液。调节抽提液的 pH 到 5.0,4℃放置过夜。

(3)将滤液离心、4℃、3 000 r/min 离心 15 min,弃去沉淀留上清液,记录上清液体积。

(4)将上清液调 pH 为 7.0,上清液中缓慢加入固体硫酸铵,边加边搅拌,使硫酸铵浓度达到 60％ 饱和度,4℃放置 1 h 以上,使蛋白质充分沉淀。

(5)取 1.5 mL 盐析混合液于 4℃、10 000 r/min 离心 15 min,弃上清液,将沉淀用 200 μL 的蒸馏水溶解,即为胰蛋白酶抑制剂粗提物。

2.胰蛋白酶抑制剂的活性测定

方法一:BAPNA 法

(1)取两支试管,分别标记,其中 1 号管为对照管,2 号管为测试管。

(2)按照表 2-15 所示数据将溶液分别加入两支试管中。

(3)将试管中的溶液摇匀,放入 28℃水浴 2 min。

(4)向两支试管中各加入 0.2 mL 20 mg/mL 的胰蛋白酶溶液,摇匀。

(5)28℃水浴 5 min。

(6)向两支试管中分别加入 0.4 mL 60％的乙酸。观察现象。

表 2-15

试管号	Tris-HCl(pH 8.1)	BAPNA	抑制剂
1	2.5	0.5	—
2	2.5	0.5	0.1

方法二:明胶-PAGE 活性电泳法

(1)采用非变性 PAGE,5％ 浓缩胶,15％ 分离胶,分离胶中含有 0.5％(W/V)明胶。样品缓冲液配方为:60 mmol/L Tris-HCl,pH 6.8;25％ 甘油;0.1％ 溴酚蓝。

(2)样品与样品缓冲液按 4:1 体积混合均匀后进行电泳,电流大小为 1 mA/孔,当溴酚蓝迁移至凝胶底部只有 1 mm 时停止电泳。

(3)经明胶-聚丙烯酰胺凝胶电泳分离样品后,取出胶板,用去离子水冲洗数次。

(4)将胶板浸在含 25 μg/mL 胰蛋白酶的 0.1 mol/L Tris-HCl、pH 8.0 的酶解缓冲液中,于 37℃恒温下酶解 25 min,用去离子水冲洗数次。

(5)用 1％ 考马斯亮蓝 R-250 染色 40 min,乙酸-乙醇(8％,8％)脱色过夜,观察结果。

五、实验结果、计算与分析

BAPNA 法对胰蛋白酶抑制剂的活性测定,通过观察两支试管中颜色变化,判断提取的酶抑制剂是否有活性。根据溶液颜色深浅还可以判断抑制剂活性的强弱,颜色越浅表明抑制活性越强。该法测定的胰蛋白酶抑制剂活力是样品中各种抑制剂活力的总和,不能单独测某一种胰蛋白酶抑制剂的活力,也无法知道样品中含有几种胰蛋白酶抑制剂。采用明胶-PAGE 活性电泳法测定胰蛋白酶抑制剂的活性,可以从电泳图上直接观察到抑制剂的种类和分子质量的差异,但只能对抑制剂进行定性分析,无法定量分析。

六、思考题

分析实验过程中影响胰蛋白酶抑制剂分离提纯效果的因素有哪些。

实验十一 蛋白质的双向电泳

一、实验目的

(1)掌握双向电泳能根据等电点和分子质量分离蛋白质的原理,第一向等电聚焦电泳(IEF)和第二向聚丙烯酰胺凝胶电泳(SDS-PAGE)操作步骤。

(2)掌握凝胶染色方法及凝胶分析软件的使用。

(3)了解对分离出的特异蛋白质进一步分析的方法。

(4)了解利用电泳技术分析生物大分子的方法。

二、实验原理

从广义上讲,双向电泳是将样品电泳后为了不同的目的在垂直方向再进行一次电泳的方法。目前蛋白质双向电泳常用的组合是第一向为等电聚焦(载体两性电解质 pH 梯度或固相 pH 梯度),根据蛋白质等电点进行分离;第二向为 SDS-PAGE,根据相对分子质量分离蛋白质。这样经过两次分离后,在凝胶上显示出的蛋白点可以获得蛋白质等电点和相对分子质量信息。双向电泳技术作为分离蛋白质的经典方法,目前得到了相当广泛的应用。在植物研究中,成功建立了拟南芥、水稻、玉米等植物种类的双向电泳图谱数据库,对推动植物蛋白质组研究起到重要作用。

第一向等电聚焦:等电聚焦(isoelectrofocusing,IEF)是在凝胶柱中加入一种称为两性电解质载体(ampholyte)的物质,从而使凝胶柱在电场中形成稳定、连续和线性 pH 梯度。以电泳观点看,蛋白质最主要的特点是它的带电行为,它们在不同的 pH 环境中带不同数量的正电荷或负电荷,只有在某一 pH 时,蛋白质的净电荷为零,此 pH 即为该蛋白质的等电点(isoelectric point,PI)。在电场中,蛋白质分子在大于其等电点的 pH 环境中以阴离子形式向正极移动,在小于其等电点的 pH 环境中以阳离子形式向负极移动。如果在 pH 梯度环境中将含有各种不同等电点的蛋白质混合样品进行电泳,不管混合蛋白质分子的原始分布如何,都将按照它们各自的等电点大小在 pH 梯度某一位置进行聚集,聚焦部位的蛋白质的净电荷为零,测定聚焦部位的 pH 即可知道该蛋白质的等电点。

第二向 SDS 聚丙烯酰胺凝胶电泳:SDS 是一种阴离子表面活性剂,当向蛋白质溶液中加入足够量的 SDS 时,形成了蛋白质-SDS 复合物,这使得蛋白质从电荷和构象上都发生了改变。SDS 使蛋白质分子的二硫键还原,使各种蛋白质-SDS 复合物都带上相同密度的负电荷,而且它的量大大超过了蛋白质分子原有的电荷量,因而掩盖了不同种蛋白质间原有的天然的电荷差别。在构象上,蛋白质-SDS复合物形成近似"雪茄烟"形的长椭圆棒,这样的蛋白质-SDS复合物,在凝胶中的迁移就不再受蛋白质原来的电荷和形状的影响,而仅取决于相对分子质量的大小,从而使我们通过SDS聚丙烯酰胺凝胶电泳(SDS-PAGE)来测定蛋白质的相对分子质量。

单体丙烯酰胺和交联剂N,N-甲叉双丙烯酰胺,在催化剂存在的条件下,通过自由基引发的聚合交联形成聚丙烯酰胺凝胶,这提供了蛋白质泳动的三维空间凝胶网络。在SDS-PAGE电泳时相对分子质量小的蛋白质迁移速度快,相对分子质量大的蛋白质迁移速度慢,这样样品中的蛋白质可以分开形成蛋白质条带。

三、试剂与仪器、耗材

1. 试剂

(1)溶胀液:

8 mol/L	Urea
2%	CHAPS
20 mmol/L	DTT
0.5%或2%	IPG buffer
少许	溴酚蓝

(2)平衡缓冲液储液:

50 mmol/L	Tris(pH 8.8)
6 mol/L	Urea
30%	甘油
2%	SDS
少许	溴酚蓝

(3)单体储液:30%(W/V)丙烯酰胺、0.8%(W/V)甲叉双丙烯酰胺。

(4)分离胶缓冲液:1.5 mol/L Tris(pH 8.8)。

(5)浓缩胶缓冲液:1.0 mol/L Tris(pH 6.8)。

(6)SDS 电泳缓冲液：

25 mmol/L	Tris
192 mmol/L	甘氨酸
0.1%	SDS

(7)染色液：

0.25%	考马斯亮蓝 R-250
45%	甲醇
45%	水
10%	冰乙酸

(8)脱色液：

45%	甲醇
45%	水
10%	冰乙酸

(9)10%SDS。

(10)10%的过硫酸铵。

2.仪器耗材

垂直电泳仪、水平电泳仪、低温循环水浴、脱色摇床、扫描仪、Imagemaster 2D platinum version 5.0 软件。电泳仪及其配套制胶设备、脱色摇床。

四、实验方法

(1)上样：一般采取加样品溶胀法，取 30～60 μg 的蛋白与溶胀液混合，总体积为 250 μL。蛋白与溶胀液混合物加入胶条槽，从酸性端去掉胶条的保护膜，胶条酸性端(尖端)朝胶条槽阳极(尖端)方向放入胶条槽，慢慢下压，最后放下胶条碱性端(平端)，使溶液浸湿整个胶条，避免生成气泡。在胶条上覆盖适量的覆盖油，盖上盖子。将胶条槽平放于 IPGphor 仪器上，与水平方向垂直，如是多个胶条槽注意相互平行。

(2)第一向等电聚焦：设置 IPGphor 仪器的运行参数。工作温度 20℃，每胶条最大电流 50 μA，表 2-16 为电压设定情况。

表 2-16

电压/V	升压模式	电泳时间/h	电压/V	升压模式	电泳时间/h
30	Step-n-hold	12	1 000	Step-n-hold	1
200	Step-n-hold	1	8 000	Gradient	3
500	Step-n-hold	1			

(3)一向到二向胶条的平衡:将胶条放入 10 mL 平衡缓冲液 I 中(含 1% DTT),封口,在摇床上振荡 15 min。将胶条取出放入 10 mL 平衡缓冲液 II 中(含 2.5%碘乙酰胺),封口,在摇床上振荡 15 min。用去离子水润洗胶条 1 s,将胶条的边缘置于滤纸上几分钟,以去除多余的液体。

(4)第二向灌胶模具的安装:按仪器说明书装好灌胶模具,称之为"三明治"。

(5)凝胶浓度确定:根据预分离蛋白质相对分子质量范围确定需配置的凝胶浓度,主要指分离胶浓度。一般实验中多采用浓度 10%或 12.5%的分离胶及浓度为 5%的浓缩胶。

(6)灌注分离胶:按配比配制分离胶,配制完成后即可加到制作好的制胶模具中,该过程需均匀注入,防止产生气泡,同时动作要迅速。灌注一定量的分离胶后迅速注入水覆盖在凝胶溶液上层,将"三明治"充满。

(7)分离胶凝结后会形成清晰的胶平面,此时可参照浓缩胶配方配制浓缩胶。

(8)灌注浓缩胶:倒掉覆盖液,待浓缩胶凝结后可上样。

(9)将固定制胶模具与底座的凸轮取下,用其将上层电泳槽与凝胶模具连接。按照顺序一次固定好电泳设备。

(10)将灌注好的制胶模具放入到盛有 1×SDS 电泳液的电泳槽中,然后在制胶模具内注入 1× SDS 电泳液。

(11)将准备好的第一向胶条放入浓缩胶上,可用琼脂糖封口。

(12)电泳:可选择恒压或恒流方式,通常 SDS-PAGE 电泳条件为浓缩胶部分为 100 V,50 mA,约 30 min;分离胶部分为 250 V,50 mA,大约需要 3 h,电泳温度为 15℃。

(13)凝胶的检测:当溴酚蓝染料迁移到胶的底部边缘即可结束电泳,取下胶放入染色盒中进行染色。

①考马斯亮蓝染色和脱色。染色液染色 4 h,也可染色过夜。加入适量脱色液,可多次更换脱色液直到脱色干净为止。

②硝酸银染色。

固定:25 mL 的冰醋酸,100 mL 甲醇,125 mL 去离子水,60 min。

敏化:75 mL 甲醇,0.5 g 硫代硫酸钠(使用之前加入),17 g 醋酸钠,165 mL 去离子水,30 min。

清洗:用 250 mL 的去离子水清洗 3 次,每次 5 min。

银染:0.625 g 硝酸银,250 mL 去离子水(使用之前配制)。

显色:6.25 g 碳酸钠,100 μL 的甲醛(使用之前加入),250 mL 去离子水。

终止:5%的醋酸。采集图像,分析结果。

(14)双向电泳图谱分析:双向电泳图谱分析的一般过程为获取凝胶图像;调整和校准凝胶图像;检定和定量蛋白点;注释蛋白点和像素;匹配凝胶图像;分析、整合数据并报告结果。该过程检验、分析蛋白质双向电泳结果,从而决定下一步的实验去向,应用软件为 Imagemaster 2D platinum version 5.0。主要步骤是利用扫描仪扫描得到凝胶图像后导入凝胶图像,凝胶图像选点设置 landmark。自动匹配分析数据。

五、实验结果、计算与分析

分析电泳图。

六、思考题

(1)SDS-PAGE 测定蛋白质的相对分子质量的原理是什么?

(2)蛋白质电泳过程中,蛋白质分子迁移受到电泳系统中哪些因素的影响?

(3)双向电泳中第一向等电聚焦中的电压条件设定基本原则是什么?

(4)在双向电泳中第一向等电聚焦 8 000 V 电压达不到预定值,分析其主要原因。

七、注意事项

(1)根据预分离蛋白质的相对分子质量范围确定使用的凝胶浓度。

(2)凝胶染色方法众多,其主要区别是灵敏度不同,需根据实际需要选择。通常考马斯亮蓝染色能检测到约含量为 1 μg 的蛋白质点,硝酸银染色法能检测到含量为纳克级的蛋白质点。

(3)离子是等电聚焦过程中比较大的干扰因素,在实验过程中应该尽量避免引入离子。如蛋白质提取方法的确定,使用去离子水等。

(4)如果双向电泳分离的蛋白质点需进行质谱鉴定,那么需要注意选择对质谱没有干扰的染色方法。

(5)重复性是双向电泳需要注意的问题之一,所以在操作过程中应保持试剂、操作过程、实验条件的一致性,以确保双向电泳的重复性,从而获得可靠的可比性。

第三章　酶类与维生素和辅酶实验

实验一　酶的基本性质

一、实验目的

了解酶催化的高效性、特异性以及 pH、温度、抑制剂和激活剂对酶活力的影响。

二、实验原理

过氧化氢酶广泛分布于生物体内,能将代谢中产生的有害的 H_2O_2 分解成 H_2O 和 O_2,使 H_2O_2 不致在体内大量积累,其催化效率比无机催化剂铁粉高 10 个数量级,反应速率可观察 O_2 产生情况。

酶与一般催化剂最主要的区别之一是酶具有高度的特异(专一)性,即一种酶只能对一种或一类化合物起催化作用。例如,淀粉酶和蔗糖酶虽然都催化糖苷键的水解,但是淀粉酶只对淀粉起作用,蔗糖酶只水解蔗糖。还原糖产物可用本尼迪克特试剂(Benedict)检测反应产物。Benedict 试剂是碱性硫酸铜溶液,具有一定的氧化能力,能与还原性糖的半缩醛羟基发生氧化还原反应,生成砖红色氧化亚铜沉淀。

$$Na_2CO_3 + 2H_2O \rightarrow 2NaOH + H_2CO_3$$

$$CuSO_4 + 2NaOH \rightarrow Cu(OH)_2 + Na_2SO_4$$

还原糖(—CHO 或 —C=O)+ $2Cu(OH)_2 \rightarrow Cu_2O \downarrow + 2H_2O +$ 糖的氧化产物

$\qquad\quad\downarrow\qquad\quad\downarrow\qquad\qquad\downarrow$

$\qquad$醛基$\qquad$酮基$\qquad$砖红色或红色

在分子结构上,淀粉几乎没有,而蔗糖全无半缩醛基,它们均无还原性,因此它们与 Benedict 试剂无呈色反应。

淀粉被淀粉酶水解,产物为葡萄糖;蔗糖被蔗糖酶水解,其产物为果糖和葡萄糖,它们都为具有自由半缩醛羟基的还原糖,与 Benedict 试剂共热,即产生红棕色 Cu_2O 沉淀。

本实验以此颜色反应观察淀粉酶、蔗糖酶对淀粉和蔗糖的水解作用。

通过比较淀粉酶在不同 pH、不同温度以及有无抑制剂或激活剂时水解淀粉的差异,说明这些环境因素与酶活性的关系。

三、试剂与仪器、耗材

1. 试剂

(1)Fe 粉。

(2)2% H_2O_2(用时现配)。

(3)唾液淀粉酶溶液:先用蒸馏水漱口,再含 10 mL 左右蒸馏水,轻轻漱动,数分钟后吐出收集在烧杯中,用纱布过滤,即得清澈的唾液淀粉酶原液。根据酶活高低稀释 50~100 倍,即为唾液淀粉酶溶液。

(4)蔗糖酶溶液:取 1 g 鲜酵母或干酵母放入研钵中,加入少量石英砂和水研磨,加 50 mL 蒸馏水,静置片刻过滤即得。

(5)2% (W/V)蔗糖溶液:用分析纯蔗糖新鲜配制。

(6)1%(W/V)淀粉溶液:1 g 淀粉和 0.3 g NaCl,用 5 mL 蒸馏水悬浮,慢慢倒入 60 mL 煮沸的蒸馏水中,煮沸 1 min,冷却至室温,加水到 100 mL,冰箱贮存。

(7)0.1%(W/V)淀粉溶液:0.1 g 淀粉,以 5 mL 水悬浮,慢慢倒入 60 mL 煮沸的蒸馏水中,煮沸 1 min,冷却至室温,加水到 100 mL,冰箱贮存。

(8)本尼迪克特(Benedict)试剂:17.3 g $CuSO_4$ · $5H_2O$ 加 100 mL 蒸馏水加热溶解冷却;173 g 柠檬酸钠和 100 g $NaCO_3$ · $2H_2O$ 以 600 mL 蒸馏水加热溶解冷却后,将 $CuSO_4$ 溶液慢慢加到柠檬酸钠-碳酸钠溶液中,边加边搅匀,最后定容至 1 000 mL,如有沉淀可过滤除去,此试剂可长期保存。

(9)碘液:3 g KI 溶于 5 mL 蒸馏水中,加 1 g I_2,溶解后再加 295 mL 水,混匀贮存于棕色瓶中。

(10)磷酸缓冲液。

A 液:0.2 mol/L Na_2HPO_4,称取 28.40 g Na_2HPO_4(或 71.64 g Na_2HPO_4 · $12H_2O$)溶于 1 000 mL 水中。

B 液:0.1 mol/L 柠檬酸,称取 21.01 g 柠檬酸($C_6H_8O_7$ · H_2O)溶于

1 000 mL 水中。

pH 5.0 缓冲液:10.30 mL A 液+9.70 mL B 液。

pH 7.0 缓冲液:16.47 mL A 液+3.53 mL B 液。

pH 5.0 缓冲液:19.45 mL A 液+0.55 mL B 液。

(11)1% (W/V) $CuSO_4 \cdot 5H_2O$ 溶液。

(12)1%(W/V) NaCl 溶液。

2.仪器耗材

恒温水浴(37℃,70℃)、沸水浴(100℃)、冰浴(0℃)、试管、吸管、量筒、白瓷板、胶头滴管。

3.材料

每组约 0.5 cm 的马铃薯方块(生、熟)。

四、实验方法

1.酶催化的高效性

取 4 支试管,按表 3-1 操作:

表 3-1

操作项目	管　号			
	1	2	3	4
2% H_2O_2/mL	3	3	3	3
生马铃薯小块/块	2	0	0	0
熟马铃薯小块/块	0	2	0	0
铁粉	0	0	一小匙	0
现象				
解释实验现象				

2.酶催化的专一性

取 6 支干净试管,按表 3-2 操作:

表 3-2

操作项目	管 号					
	1	2	3	4	5	6
1%淀粉/mL	1	1	0	0	1	0
2%蔗糖/mL	0	0	1	1	0	1
唾液淀粉酶原液/mL	1	0	1	0	0	0
蔗糖酶溶液/mL	0	1	0	1	0	0
蒸馏水/mL	0	0	0	0	1	1
酶促水解	摇匀,37℃水浴中保温 10 min					
本尼迪克特试剂/mL	各 2 mL					
反应	摇匀,沸水浴中加热 5～10 min					
现象						
解释实验现象						

3. 温度对酶活力的影响

取 3 支试管,按表 3-3 操作:

表 3-3

操作项目	管 号		
	1	2	3
唾液淀粉酶溶液/mL	1	1	1
pH 7.0 磷酸缓冲液/mL	2	2	2
预处理 5 min 实验温度/℃	0	37	70
1%淀粉溶液/mL	2	2	2
现象			
解释实验现象			

摇匀,保持各自温度继续反应,数分钟后每隔半分钟从第 2 号管吸取 1 滴反应液于白瓷板上,用碘液检查反应进行情况,直至反应液不再变色(只有碘液的颜色),立即取出所有试管,流水冷却 5 min,各加 1 滴碘液,混匀。观察并记录各管反应现象,解释之。

4.pH 对酶活力的影响

取 3 支试管,按表 3-4 操作:

表 3-4

操作项目	管　号		
	1	2	3
pH 5.0 磷酸缓冲液/mL	1	1	0
pH 7.0 磷酸缓冲液/mL	0	0	1
pH 8.0 磷酸缓冲液/mL	1	0	1
1% 淀粉溶液/mL	0	1	0
预保温	摇匀,37℃水浴中保温 2 min		
唾液淀粉酶溶液/mL			
检查淀粉水解程度	摇匀,置 37℃水浴中继续反应,每隔半分钟从第 2 号管中取出 1 滴反应液于白瓷板上,加碘液检查反应情况,直至反应液不再变色,即停止反应,取出所有管		
碘液(滴)	各 1 滴		
现象			
解释实验现象			

5.抑制剂和激活剂

取 3 支试管,按表 3-5 操作:

表 3-5

操作项目	管　号		
	1	2	3
1% NaCl/mL	1	0	0
1% CuSO$_4$/mL	0	1	0
蒸馏水/mL	0	0	1
唾液淀粉酶溶液/mL	1	1	1
1% 淀粉溶液/mL	3	3	3
检查淀粉水解程度	摇匀,置 37℃水浴中 1 min 左右即可用碘液检查 1 号管淀粉的水解程度。待 1 号管反应液不再变色,即停止反应,取出所有管		
碘液(滴)	各 1 滴		
现象			
解释实验现象			

五、实验结果、计算与分析

写出每个小实验的现象并解释。

六、思考题

(1)何谓酶的最适 pH 和最适温度？
(2)说明底物浓度、酶浓度、温度和 pH 对酶促反应速度的影响。
(3)酶作为一种生物催化剂,有哪些催化特点？

七、注意事项

(1)各人唾液中淀粉酶活力不同,如反应进行太快,应适当稀释唾液;反之,则应减少唾液淀粉酶稀释倍数。
(2)酶的抑制与激活最好用经透析的唾液,因为唾液中含有少量 Cl^-。另外,不要在检查反应程度时使各管溶液混杂。

实验二　马铃薯多酚氧化酶的制备及性质分析

一、实验目的

(1)学习从组织细胞中制备酶的方法。
(2)掌握多酚氧化酶的作用及各种因素对其作用的影响。

二、实验原理

多酚氧化酶是一种含铜的酶,其最适 pH 为 6～7。由多酚氧化酶催化的反应,如以邻苯二酚为底物,可以被氧化形成邻苯二醌。由多酚氧化酶催化的氧化还原反应可通过溶液的颜色的变化鉴定,这个反应在自然界中是常见的,如去皮的马铃薯和水果变成褐色就是由于该酶作用的结果。

多酚氧化酶的最适底物是邻苯二酚(儿茶酚)。间苯二酚和对苯二酚与邻苯二酚的结构相似,它们也可以被氧化为各种有色物质。

酶是生物催化剂,其催化活性易受各种因素的影响,如温度、pH、底物种类、底物浓度、酶浓度以及抑制剂和蛋白质变性剂等都会改变其生物催化活性。三氯乙酸可以沉淀蛋白质,使酶失活。硫脲完全抑制酶活性。

三、试剂仪器与耗材

1. 试剂

(1)马铃薯。

(2)0.1 mol/L 的 NaF 溶液:将 4.2 g 氟化钠溶于 1 000 mL 水中。

(3)0.01 mol/L 的邻苯二酚溶液:将 1.1 g 邻苯二酚溶解于 1 000 mL 水中,用稀 NaOH 调节溶液的 pH 为 6.0,防止其自身的氧化作用。当溶液变成褐色时,应重新配制。新配制的溶液应贮存于棕色瓶中。

(4)pH 6.8 的磷酸盐缓冲液。

(5)5% 三氯乙酸溶液。

(6)硫脲。

(7)0.01 mol/L 的间苯二酚溶液:将 0.11 g 间苯二酚溶解于 100 mL 水中。

(8)0.01 mol/L 的对苯二酚溶液:将 0.11 g 对苯二酚溶解于 100 mL 水中。

(9)固体硫酸铵。

2. 仪器与耗材

匀浆机、小刀、纱布、漏斗、其他玻璃器皿、离心机、冰箱、恒温水浴。

四、实验方法

1. 多酚氧化酶的制备

称取 150 g 马铃薯(新马铃薯可以不去皮),切块后放入匀浆机,加入 150 mL NaF 溶液,匀浆后用 4 层纱布过滤。量取 50 mL 滤液置离心管中,于 3 500 r/min 离心 5～10 min,取上清液,加入固体硫酸铵 16 g,溶解,于 4℃放置 30 min,于 3 500 r/min 离心 15 min,倒掉上清液,沉淀用 15 mL pH 6.8 的磷酸盐缓冲液溶解,即为粗酶液,含有马铃薯多酚氧化酶。

2. 多酚氧化酶的催化作用

按表 3-6 加入各试剂,观察反应现象并记录和分析原因。

表 3-6　多酚氧化酶的催化作用

试管号	酶液	邻苯二酚	水	37℃保温 5～10 min,观察颜色变化
1	15 滴	15 滴	—	
2	15 滴	—	15 滴	
3	—	15 滴	15 滴	

3. 多酚氧化酶的化学性质

按表 3-7 加入各试剂,观察反应现象并记录和分析原因。

表 3-7　多酚氧化酶的化学性质

试管号	酶液	5%三氯乙酸	硫脲	振荡混匀后分别加入邻苯二酚 15 滴,于 37℃保温 10 min,观察颜色变化
1	15 滴	—		
2	15 滴	15 滴		
3	15 滴	—	少许	

4. 底物专一性

按表 3-8 加入各试剂,观察反应现象并记录和分析原因。

表 3-8　多酚氧化酶的底物专一性

试管号	酶液	邻苯二酚	间苯二酚	对苯二酚	37℃保温 5~10 min,观察颜色变化
1	15 滴	15 滴	—	—	
2	15 滴	—	15 滴	—	
3	15 滴	—	—	15 滴	

5. 底物浓度的影响

按表 3-9 加入各试剂,观察反应现象并记录和分析原因。

表 3-9　底物浓度的影响

试管号	酶液	邻苯二酚	水	37℃保温 1 min,观察颜色变化
1	5 滴	1 滴	39 滴	
2	5 滴	10 滴	30 滴	
3	5 滴	40 滴	—	

6. 酶浓度的影响

按表 3-10 加入各试剂,观察反应现象并记录和分析原因。

表 3-10　酶浓度的影响

试管号	酶液	邻苯二酚	水	37℃保温 2 min,观察颜色变化
1	15 滴	15 滴	—	
2	1 滴	15 滴	14 滴	

五、实验结果、计算与分析

写出每个小实验的现象并解释。

六、思考题

(1)在酶制备过程中加入硫酸铵的目的是什么？

(2)在多酚氧化酶性质实验中三氯乙酸和硫脲有什么作用？

(3)该多酚氧化酶的最适 pH 是多少？为什么？

实验三　同工酶聚丙烯酰胺凝胶电泳分析

一、实验目的

(1)掌握聚丙烯酰胺凝胶电泳的原理和操作过程。

(2)掌握 PAGE 法分离过氧化物酶、酯酶同工酶和乳酸脱氢酶的原理和方法。

二、实验原理

聚丙烯酰胺凝胶是由丙烯酰胺(简称 ACR)和交联剂甲叉双丙烯酰胺(简称 BIS)在加速剂(四甲基乙二胺)和催化剂(过硫酸铵)的作用下,聚合交联而成的含有酰胺基侧链的脂肪族大分子化合物。聚丙烯酰胺凝胶具有三维网状结构,能起分子筛作用。用它作电泳支持物,对样品的分离取决于各组分所带电荷的多少及分子的大小。

同工酶是来自同一生物不同组织或同一细胞的不同亚细胞结构,能够催化相同反应的蛋白质。同工酶作为基因编码的产物,由于模板作用,酶蛋白质中多肽链上的氨基酸顺序(通过 RNA)直接反映了 DNA 链上碱基对的顺序,其变化能代表 DNA 分子水平上的变化,所以同工酶分析可解释为是从蛋白质分子水平上研究生物群体遗传分化的有效手段。

过氧化物酶催化反应如下：

$$过氧化物 + 过氧化物酶 \rightarrow 复合物$$
$$复合物 + DH_2 \rightarrow 过氧化物酶 + H_2O + D$$

其中最常见的过氧化物为 H_2O_2,反应中形成的复合物可与一些还原性的化合物 DH_2(如芳香族胺类和酚类物质)反应生成氧化型的物质 D。过氧化物酶实验使用的过氧化物为 H_2O_2，其原理为过氧化物酶可催化 H_2O_2 将联苯胺氧化为蓝色或红棕色物质，电泳后经染色，凝胶上有色部位即为该同工酶所在位置。

采用不同的化学试剂使酶促反应的产物或尚未分解的底物显色，借以指示出酶所在的位置和活力大小。如酯酶作用于萘酯，再用坚牢蓝和该酶反应产物作用显示出褐色，标出酶的位置。

三、试剂与仪器、耗材

1. 试剂

（1）10％过硫酸铵（AP）溶液：称取 100 mg 过硫酸铵，用蒸馏水定容到 1 mL。现用现配。

（2）凝胶贮液（N）：ACR 14.6 g，BIS 0.4 g，用蒸馏水定容到 50 mL。

（3）分离胶缓冲液（L）：Tris 4.53 g 溶于 H_2O，浓 HCl 调 pH 为 8.8，用蒸馏水定容到 50 mL。

（4）浓缩胶缓冲液（M）：Tris 3.03 g 溶于 H_2O，浓 HCl 调 pH 为 6.8，用蒸馏水定容到 50 mL。

（5）N，N，N'，N'-四甲基乙二胺（TEMED）。

（6）电极缓冲液（Tris-甘氨酸 pH 8.3）：称取 Tris 6 g，甘氨酸 28.8 g，溶于无离子水后定容至 1 000 mL，用时稀释 10 倍。

（7）染色液：称取联苯胺 1 g，无水乙醇 50 mL，1.5 mol/L 醋酸钠 100 mL，1.5 mol/L 冰乙酸 100 mL，用蒸馏水定容 1 000 mL（临用前每 50 mL 显色剂加 5 滴过氧化物）。

（8）样品提取液（pH 8.0 Tris-HCl 缓冲液）：称取 Tris 12.1 g，加无离子水 100 mL，以 HCl 调节 pH 为 8.0。

（9）上样缓冲液：①0.5％溴酚蓝溶液：5 mg 溴酚蓝溶于 1 mL 无离子水中。②40％蔗糖溶液：蔗糖 40 g 溶于 100 mL 无离子水中。临用前取 A 液 20 μL 加入 1 mL B 液中。

（10）固定液：按体积比甲醇：冰醋酸：水＝5∶1∶1 配制。

2. 仪器耗材

垂直板电泳槽、稳压稳流直流电泳仪、高速离心机、移液器、微量注射器、烧杯、大培养皿一套、研钵、滴管。

四、实验方法

1. 样品的制备

称取 0.1 g 植物幼苗,放入研钵内,加入 200 μL 样品提取液(pH 8.0),研成匀浆。全部匀浆液转入 1.5 mL 离心管中,8 000 r/min 离心 10 min。吸取 20 μL 上清液至新离心管中,加入等量的上样缓冲液,混匀,即为样品液。

2. 电泳槽的安装

将两块玻璃板(勿用手指接触玻璃板面,可用手夹住玻璃板的两旁操作)正确放入电泳槽里,注意用力均衡以免夹碎玻璃板。

3. 凝胶的制备

按第二章表 2-12 和表 2-13 所示配制非变性聚丙烯酰胺凝胶,可采用不连续凝胶系统和连续凝胶系统,如是连续凝胶,则只制备分离胶。将溶液混匀后,加入玻璃板之间的间隙,并立即插入样品梳子,注意观察凝胶的聚合过程,30 min 后观察梳齿附近凝胶中呈现光线折射的波纹时,即表明聚合反应已经完成。

4. 上样

凝胶后,向上槽和下槽中加入电极缓冲液,小心拔出样品梳,用微量移液器吸取适量样品与上样缓冲液混合加入样品孔中,在上样时应避免样品溢出样品孔而污染其他样品。

5. 电泳

上样后,接好电源线(上槽接负极,下槽接正极)。打开电源开关,调节电压,以 10 V/cm 稳定电压电泳,待前沿指示染料下行至距胶板末端 1～2 cm 处,即可停止电泳。

6. 剥胶

电泳结束之后,将玻璃板从电泳槽上取下,小心地将两块玻璃板分开,用样品梳慢慢将凝胶置于大培养皿中,进行染色反应。一般剥胶方向从样品端开始。剥胶时注意不要损伤凝胶表面。

7. 染色

将凝胶置于大培养皿中,用蒸馏水漂洗 1～2 次,然后倒入染色液充分浸泡凝胶。室温放置 10 min 左右即可看见在凝胶的无色背景中呈现有色酶谱。

8. 几种同工酶染色方法

(1)酯酶同工酶。

染色液的配制:以下两种染色液中任选一种。

①称取坚牢蓝 RR 盐 30 mg,溶于 30 mL pH 6.4 的磷酸缓冲液中,过滤后,加 2 mL 1% α-醋酸萘酯(少许丙酮溶解后,用 80% 酒精配制)、1 mL 2% β-醋酸萘酯(同上)于滤液中。电泳完毕将脱去的凝胶立即转移至染色液中,37℃,10～15 min,即可呈现出棕红色带酯酶同工酶谱带,然后用水漂洗几次,置于 7% 醋酸中保存。酯酶的不同同工酶对醋酸 α-萘酯和醋酸 β-萘酯有不同的亲和力,而且这种亲和力是稳定的,即每次先与醋酸 α-萘酯和醋酸 β-萘酯作用的同工酶,每次都显褐色或红色,如果是醋酸 α-萘酯和醋酸 β-萘酯同时能作某些同工酶的底物,则该同工酶总是染成紫褐色。

②0.2 g 醋酸-α-萘酯溶于 20 mL 丙酮酸中,然后依次加入 0.1 mol/L pH 6.4 的磷酸缓冲液 200 mL 和 0.2 g 坚牢蓝(fast blue RR,RR 盐),盐必须完全溶解,于 30～40℃温箱中保温 15 min。

(2)过氧化物同工酶。

染色液的配制:以下 4 种染色液中任意选一种。

①称取 2 g 联苯胺加入 100 mL 无水乙醇中,溶解充分后,再依次加入已配制好的 200 mL 1.5 mol/L 醋酸钠溶液与 200 mL 1.5 mol/L 冰乙酸溶液,最终加蒸馏水定容至 1 000 mL,避光保存。临用前每 100 mL 显色液加入 10 滴 H_2O_2。

②0.1% 联苯胺(0.1 mol/L,pH 5.6 醋酸缓冲液 100 mL 中含 0.1 g 联苯胺)100 mL,临用前加 1 mL 3% 过氧化氢。

③2% 联苯胺(2 g 联苯胺溶于 18 mL 冰醋酸,加蒸馏水至 100 mL)20 mL,抗坏血酸 70.4 mg,20 mL 0.6% 过氧化氢和 60 mL 水,临用前混合。

④联大茴香胺 250 mg 溶于 140 mL 95% 乙醇中,加水 20 mL,临用前加过氧化氢 4～5 mL(13%)。

染色:将配好的染色液倒入白瓷盘内(或试管内)的凝胶板(或柱)上,室温染色 10 min 左右,用水漂洗 1～2 次,拍照。放在固定的保存液中,区带渐渐变成棕色。

(3)乳酸脱氢酶同工酶。

染色液的配制:以下 3 种染色液中任选一种。

①底物显色液。

a.称取辅酶 I(NAD$^+$)10 mg,加 1.0 mL pH 7.4 的磷酸盐缓冲液。

b.0.5 mol/L 乳酸钠:取 60% 的乳酸钠 1.0 mL,加 pH 7.4 的磷酸盐缓冲液 2 mL,混匀。

c.氯化硝基四氮唑蓝(NBT)溶液:称取 37 mg,加 pH 7.4 磷酸盐缓冲液至 10 mL。

d.0.1％吩嗪二甲酯硫酸盐(PMS)溶液:称取 PMS 5 mg,加蒸馏水 5 mL。

以上试剂装在棕色瓶中并置冰箱保存,临用时按下列比例混合。

取 a 液 0.3 mL,b 液 0.6 mL,c 液 1.2 mL,d 液 0.4 mL,混合置暗处备用。将凝胶侵入染色液中 37℃保温染色。保温 15～20 min,可显现蓝紫色的同工酶区带。整个显色过程都应该避光。

②底物显色液。

a.于一棕色瓶中加入碘化硝基四唑蓝(INT)20 mg,加蒸馏水 8 mL,避光置 50℃水浴中作用 30 min,不时振动助溶,溶解后加入 C_0I 20 mg、乳酸锂 0.2 g,乙酸基乙甲基 1,3 丙二醇缓冲液 2 mL,全部溶解后冰箱保存,至少可用两周。

b.取吩嗪二甲酯硫酸盐(PMS)配制 1 mg/mL 溶液,置棕色瓶中保存。此溶液不宜久置,显微红色即弃去。

临用前将 a、b 剂按 20∶1 的比例混合,将凝胶浸入染色液中 37℃保温染色。保温 1 h 可显现蓝紫色的同化酶区带。整个显色过程都应该避光。

③底物显色液。NAD^+ 25 mg、NBT 15 mg、PMS 1 mg、1 mol/L 乳酸钠(pH 7.0)5 mL、0.1 mol/L NaCl 2.5 mL、0.5 mol/L Tris-HCl 缓冲液(pH 7.1)7.5 mL 和蒸馏水 35 mL,新鲜配制。将电泳后的凝胶条侵入染色液中,于 37℃保温 30～60 min,即可显示蓝紫色区带。

五、实验结果、计算与分析

记录结果:弃去染色液,用蒸馏水漂洗后,将凝胶放入固定液中或照相保存结果。

六、思考题

(1)简述小麦过氧化物同工酶聚丙烯酰胺电泳的原理和特点。

(2)请说明本实验过程中的注意事项。

(3)简述聚丙烯酰胺电泳的操作要点。

(4)两个电泳槽中的电极缓冲液用过一次后,是否可以混合后再用? 为什么?

(5)样品中加入 40％蔗糖溶液的作用是什么?

七、注意事项

(1)安装电泳槽时,勿用手指接触玻璃板面,注意用力均衡以免夹碎玻璃板。

(2)按配制凝胶方法制备胶时,需立即灌胶,因为加入 TEMED 和过硫酸铵后,胶液立即进行聚合反应,若不及时灌胶则会导致凝胶凝固不均匀,形成条带形状不规则。

（3）灌胶完毕后要立即插入梳子，否则凝胶凝固再插梳子则会毁胶。拔梳子时应垂直向上，均匀用力，缓慢拔出，否则会导致样品槽损毁。总之，若凝胶制备出现问题则直接导致电泳条带不清晰、变形、拖尾等，直接影响实验结果。

（4）电泳时应注意正负接线柱的正确连接，以免样品反方向泳动。电流的调控应注意，接触不良、缓冲液液位太低或者缓冲液离子强度太小则导致电阻太大，电流变小。这时如果通过调高电压来使电流增大还可能会烧胶。电流过大、过热也会导致凝胶变性从而达不到分离样品的目的。

（5）在上样时应避免样品溢出样品孔而污染其他样品。

（6）一般剥胶方向从样品端开始，剥胶时注意不要损伤凝胶表面。

实验四　丙二酸对琥珀酸脱氢酶的竞争性抑制作用

一、实验目的

（1）学习和掌握竞争性抑制作用概念及作用机理。

（2）观察丙二酸对琥珀酸脱氢酶竞争性抑制作用的现象。

二、实验原理

酶的抑制作用是指在某个酶促反应系统中，某种具有抑制作用物质加入后，导致酶活力降低的过程。实验中，抑制剂常用来研究酶的作用机制和解释代谢途径。抑制作用根据原理可分为不可逆抑制作用和可逆抑制作用，不可逆抑制作用的抑制剂通过共价键与酶结合，不可以通过透析或凝胶过滤方法除去；而可逆抑制作用的抑制剂是通过非共价键与酶结合，可以通过透析或凝胶过滤从酶溶液中除去。其中，在可逆的抑制作用中又包括：①竞争性可逆抑制；②非竞争性可逆抑制；③反竞争性可逆抑制。

本实验原理为可逆抑制作用中的竞争性抑制作用。化学结构与酶作用的底物结构相似的物质，可与底物竞争结合酶的活性中心，使酶的活性降低甚至丧失，这种抑制作用称为竞争性抑制作用。琥珀酸脱氢酶是机体内参与三羧酸循环的一种重要的脱氢酶，其辅基为 FAD，如心肌中的琥珀酸脱氢酶在缺氧的情况下，可使琥珀酸脱氢生成延胡索酸，脱下之氢可将蓝色的甲烯蓝还原成无色的甲烯白。这样，便可以显示琥珀酸脱氢酶的作用。

$$琥珀酸＋甲烯蓝 \xrightarrow[\text{无氧条件}]{\text{琥珀酸脱氢酶}} 延胡索酸＋甲烯白$$

丙二酸、草酸等物质在结构上与琥珀酸相似,可与琥珀酸竞争与琥珀酸脱氢酶的活性中心结合。若酶已与丙二酸等结合,则不能再与琥珀酸结合而使之脱氢,产生抑制作用,且抑制程度取决于琥珀酸与抑制剂在反应体系中浓度的相对比例,所以这种抑制是竞争性抑制。本实验通过观察在由不同比例的琥珀酸与丙二酸组成的反应体系中使等量甲烯蓝褪色反应时间,从而验证丙二酸对琥珀酸的竞争性抑制作用。

三、试剂与仪器、耗材

1. 试剂

(1)0.1 mol/L 琥珀酸溶液:取琥珀酸 1.181 g 溶于 100 mL 蒸馏水中。

(2)0.1 mol/L 丙二酸溶液:取丙二酸 1.041 g 溶于 100 mL 蒸馏水中。

(3)0.2 mol/L 磷酸缓冲液(pH 7.4):量取 19 mL 0.2 mol/L NaH_2PO_4 溶液,加入 81 mL 0.2 mol/L Na_2HPO_4 溶液混匀。

(4)0.02% 甲烯蓝:称取 0.02 g 甲烯蓝溶解于 99.98 g 蒸馏水中进行溶解。

(5)液体石蜡。

2. 仪器耗材

恒温水浴锅、组织匀浆器、手术剪、镊子、容量瓶(500 mL)、量筒、烧杯、纱布、刻度吸管(0.5 mL、1 mL、2 mL)、10 mL 试管、试管架、胶头滴管、电子天平。

四、实验方法

1. 琥珀酸脱氢酶提取液的制备

取新鲜动物(大白鼠或兔子)肝脏、心脏或肾脏100 g,用冷蒸馏水清洗 3 次,加入 pH 7.4 0.2 mol/L 磷酸缓冲液在匀浆器中进行匀浆,最终定容至 500 mL 容量瓶内,制备成 200 g/L 的肝匀浆液,后用 4 层纱布过滤,用干净的烧杯收集过滤提取液,即为含有琥珀酸脱氢酶粗酶的提取液,备用。

2. 丙二酸对琥珀酸脱氢酶的竞争性抑制作用

分别取试管 5 支,编号,并依照表3-11步骤进行操作。

表 3-11　丙二酸对琥珀酸脱氢酶的竞争性抑制作用

管号	0.1 mol/L 琥珀酸/mL	0.1 mol/L 丙二酸/mL	0.2 mol/L(pH 7.4) 磷酸缓冲液/mL	肝匀浆液 (酶液)/mL	0.02% 甲烯蓝
1	2	—	1	1	3 滴
2	—	2	1	1	3 滴
3	1.5	0.5	1	1	3 滴
4	1	1	1	1	3 滴
5	0.5	1.5	1	1	3 滴

各管溶液立即混匀,沿试管壁加入液体石蜡约 0.5 cm,各管置于 37℃ 的水浴中保温,切勿摇动试管,随时观察比较各试管颜色的变化,记录褪色时间。

五、实验结果、计算及分析

见表 3-12。

表 3-12　丙二酸对琥珀酸脱氢酶的竞争性抑制作用结果

管号	褪色时间	抑制剂浓度/底物浓度	现象原因
1	分　秒	0	
2	无限大	0	
3	分　秒	1/3	
4	分　秒	1	
5	分　秒	3	

六、思考题

(1)酶的抑制作用分类及其特点是什么?

(2)本实验中液体石蜡起什么作用?

(3)各管中的反应体系配好后为什么不能再摇动?

(4)制备肝浆时用磷酸缓冲液,可否换用蒸馏水,为什么?

七、注意事项

(1)酶提取液的制备应操作迅速,以防止酶活性降低。

（2）加入液体石蜡的作用是隔绝空气,以避免空气中的氧气对实验造成影响,因此加石蜡时试管壁要倾斜,注意不要产生气泡。

（3）37℃水浴保温过程中,不能摇动试管,避免空气中的氧气接触反应溶液,使还原型的甲烯白重新氧化成蓝色。

（4）37℃水浴保温过程中,要注意随时观察各试管的褪色情况。

实验五 脲酶米氏常数的测定

一、实验目的

掌握测定米氏常数 K_m 的原理和方法。

二、实验原理

脲被脲酶催化分解,产生碳酸铵,碳酸铵在碱性条件下与奈斯勒（Nessler）试剂作用生成橙黄色的碘化双汞铵,在一定范围内,碳酸铵量与呈色深浅成正比。故可用比色法测定单位时间内酶促反应所产生的碳酸铵量,从而求得酶促反应速度。

$$(NH_4)_2CO_3 + 8NaOH + 4K_2HgI_4 \longrightarrow$$

$$2 \underset{Hg}{\overset{Hg}{O<}} NH_2I + 6NaI + 8KI + Na_2CO_3 + 6H_2O$$

（橙黄色）

在保持恒定的合适条件（时间、温度及 pH）下,以同一浓度的脲酶催化不同浓度的脲分解,于一定限度内,酶促反应速率与脲浓度成正比,因此,以酶促反应速率倒数（$1/v$）为纵坐标,脲浓度倒数（$1/[s]$）为横坐标,用双倒数作图法得脲酶的 K_m 值。

三、试剂与仪器耗材

1. 试剂

（1）（1/10）mol/L 脲溶液:称取 15.015 g 脲,用蒸馏水溶后定容至 250 mL。

（2）不同浓度脲溶液:用（1/10）mol/L 脲溶液稀释至（1/20）mol/L、（1/30）mol/L、（1/40）mol/L、（1/50）mol/L 的脲液。

（3）（1/15）mol/L pH 7.0 磷酸盐缓冲液:称取 Na$_2$HPO$_4$ 5.969 g,水溶后定容至 250 mL。NaH$_2$PO$_4$ 2.268 g,水溶后定容至 250 mL。量取 Na$_2$HPO$_4$ 溶液

60 mL、NaH_2PO_4 溶液 40 mL 混匀,即为 1/15 mol/L pH 7.0 磷酸盐缓冲液。

(4)奈氏试剂:将 10 g 碘化汞和 7 g 碘化钾溶于 10 mL 水中,另将 24.4 g 氢氧化钾溶于含 70 mL 水的 100 mL 容量瓶中,并冷却至室温。将上述碘化汞和碘化钾溶液慢慢注入容量瓶中,边加边摇动。加水至刻度,摇匀,放置 2 d 后使用。试剂应保存在棕色玻璃瓶中,置暗处。

(5)0.005 mol/L 碳酸铵标准溶液:称取 0.480 g 碳酸铵,蒸馏水溶后定容至 1 000 mL。

(6)30% 乙醇溶液:量取 60 mL 95% 乙醇,加蒸馏水 130 mL,摇匀。

(7)10% 硫酸锌溶液:称取 20 g $ZnSO_4$ 溶于 200 mL 蒸馏水中。

(8)10% 酒石酸钾钠溶液:称取 20 g 酒石酸钾钠溶于 200 mL 蒸馏水中。

(9)0.5 mol/L NaOH 溶液:称取 5 g NaOH,水溶后定容至 250 mL。

2.仪器耗材

分光光度计、恒温水浴锅、振荡机、离心机、漏斗、滤纸、移液管、吸管、试管、容量瓶。

四、实验方法

(1)称取大豆粉 1 g,加 30% 乙醇 25 mL,振荡提取 1 h,4 000 r/min 离心 10 min,取上清液即为脲酶提取液,备用。

(2)取 5 支试管编号,按表 3-13 加入试剂和操作。

表 3-13

试　剂	管　号				
	1	2	3	4	5
脲液浓度/(mol/L)	1/20	1/30	1/40	1/50	1/50
脲液加入量/mL	0.5	0.5	0.5	0.5	0.5
pH 7.0 磷酸缓冲液/mL	2	2	2	2	2
37℃水浴保温 5 min					
脲酶提取液/mL	0.5	0.5	0.5	0.5	0
煮沸脲酶提取液/mL	0	0	0	0	0.5
蒸馏水/mL	0	0	0	0	1
37℃水浴保温 10 min					
10%硫酸锌溶液/mL	0.5	0.5	0.5	0.5	0.5
蒸馏水/mL	10	10	10	10	10
0.5 mol/L NaOH 溶液/mL	0.5	0.5	0.5	0.5	0.5

摇匀各管,静置 5 min 后过滤。

(3)另取 5 支试管编号,与上述各管对应,按表 3-14 加入试剂和操作。

表 3-14

mL

试　剂	管　号				
	1	2	3	4	5
滤液	1.0	1.0	1.0	1.0	1.0
蒸馏水	4.5	4.5	4.5	4.5	4.5
10%酒石酸钾钠	0.5	0.5	0.5	0.5	0.5
0.5 mol/L NaOH	0.5	0.5	0.5	0.5	0.5
奈氏试剂	1.0	1.0	1.0	1.0	1.0

迅速混匀各管,分光光度计上在于 460 nm 波长下比色,测得吸光度 A_{460}。

(4)标准曲线的制作,取 6 支试管编号,按表 3-15 加入试剂和操作。

表 3-15

mL

试　剂	管　号					
	6	7	8	9	10	11
0.005 mol/L 碳酸铵标准溶液	0	0.1	0.2	0.3	0.4	0.5
蒸馏水	6.0	5.9	5.8	5.7	5.6	5.5
10%酒石酸钾钠	0.5	0.5	0.5	0.5	0.5	0.5
0.5 mol/L NaOH	0.5	0.5	0.5	0.5	0.5	0.5
奈氏试剂	1.0	1.0	1.0	1.0	1.0	1.0

迅速混匀各管,在分光光度计上于 460 nm 波长下比色,以 6 号管作空白调零,测得其余各管吸光度 A_{460}。以碳酸铵的量为横坐标,吸光度为纵坐标,绘制标准曲线。

五、实验结果、计算与分析

(1)在标准曲线上查出脲酶作用于不同浓度脲液生成碳酸铵的量。

(2)以单位时间碳酸铵生成量的倒数即 $1/v$ 为纵坐标,以对应的脲液浓度的倒数即 $1/[s]$ 为横坐标,作双倒数图,由直线与 x 轴交点即可求出 K_m 值。

六、思考题

(1)本实验的原理是什么?

(2)除了双倒数作图法,还有哪些方法可以求得 K_m 值?

(3)要比较准确地测得脲酶的 K_m 值,实验操作应注意哪些关键环节?

七、注意事项

(1)准确控制各管酶反应时间尽量一致。

(2)奈氏试剂是含有大量汞盐的强碱性溶液,是具有腐蚀性的剧毒试剂,实验时必须严格遵守操作规定,勿洒在试管架和实验台面上,谨防中毒。

(3)测酶活性的实验所用的玻璃仪器等一切器皿必须洁净,以除去能抑制酶活性的杂质(如重金属 Hg^{2+}、Ag^+)。

(4)每次取样加酒石酸钾钠溶液、奈氏试剂时,混合时间越短越好,以免使反应产生的气体挥发影响测定反应物的浓度。

实验六　植物组织中抗氧化酶的活性测定

植物叶片在衰老过程中会发生一系列生理生化变化,如核酸和蛋白质含量下降、叶绿素降解、光合作用降低及内源激素平衡失调等。这些指标在一定程度上反映植物衰老过程的变化。近年来大量的研究表明,植物在逆境胁迫或衰老过程中,细胞内自由基代谢平衡会被破坏而产生大量的自由基。过剩自由基的毒害之一是引发或加剧膜脂过氧化作用,造成细胞膜系统的损伤,严重时是导致植物细胞死亡的主要原因。自由基是具有未配对电子的原子或原子团,生物体内产生的自由基主要有超氧自由基、羟自由基、过氧自由基等。但植物细胞膜有酶促和非酶促两类过氧化物防御系统。超氧化物歧化酶(SOD)、过氧化物酶(POD)和抗坏血酸过氧化物酶(APX)、过氧化氢酶(CAT)等是酶促防御系统的重要保护酶。因此,人们可以利用超氧化物歧化酶 SOD、过氧化氢酶 CAT 等这类活性氧清除剂的含量高低及活力大小作为衡量植物衰老程度的重要指标。

内容一　超氧化物歧化酶(SOD)活性测定

一、实验目的

(1)了解氮蓝四唑(NBT)法测定植物体内超氧化物歧化酶(SOD)活性的基

本原理。

（2）掌握氮蓝四唑（NBT）法测定植物体内超氧化物歧化酶（SOD）活性的操作方法。

二、实验原理

超氧化物歧化酶（SOD）普遍存在于动植物与微生物体内，是一种清除超氧阴离子自由基的酶。高等植物有两种类型的超氧化物歧化酶，即：Mn-SOD 和 Cu/Zn-SOD。超氧阴离子自由基（O_2^-）是生物细胞某些生理生化反应常见的中间产物，是机体氧化反应中所产生的有害化合物，具有强氧化性，可损害机体的组织和细胞，进而引起慢性病变及衰老效应。而超氧化物歧化酶 SOD 能够清除体内超氧阴离子自由基（O_2^-），生成 H_2O_2 和 O_2。反应式如下：

$$2O_2^- + 2H^+ =\!=\!= H_2O_2 + O_2$$

超氧自由基非常不稳定，寿命极短，因此一般用间接方法对其进行测定，并利用各种呈色反应来反映超氧化物歧化酶（SOD）作用超氧自由基的能力。原理为：核黄素在有氧条件下能产生超氧阴离子自由基（O_2^-），当加入氮蓝四唑（NBT）后，在光照条件下，NBT 能与超氧阴离子自由基（O_2^-）反应先生成黄色物质后转为蓝色物质，最终蓝色物质可在 560 nm 波长下有最大光吸收。如在整个反应体系中加入超氧化物歧化酶（SOD）后，SOD 可以使超氧阴离子自由基（O_2^-）与 H^+ 结合生成 H_2O_2 和 O_2，从而抑制了氮蓝四唑（NBT）显蓝色的光还原反应，使得蓝色产物生成速度减慢。因此，本实验可以通过在反应液中加入不同量的超氧化物歧化酶（SOD）的酶液，光照一定时间后测定 560 nm 下各反应液的光密度（OD 值），从而间接反应超氧化物歧化酶（SOD）活性的大小。通常，最终反应液蓝色越深，说明超氧化物歧化酶（SOD）酶的活性越低，反应液蓝色越浅，说明超氧化物歧化酶（SOD）酶的活性越高。

抑制氮蓝四唑（NBT）光还原的相对百分率与酶活性在一定范围内呈正相关关系，以酶液加入量为横坐标，以抑制 NBT 光还原相对百分率为纵坐标，在坐标纸上绘制出二者相关曲线。以每分钟每克植物组织（鲜重）反应体系中抑制 50% 的 NBT 光还原反应时所需的酶量作为一个酶活性单位（U），从而计算出超氧化物歧化酶（SOD）的酶活性。

三、试剂与仪器、耗材

1. 实验试剂

(1)0.2 mol/L 磷酸缓冲液(pH 7.8)：量取 91.5 mL 0.2 mol/L NaH_2PO_4 溶液，加入 8.51 mL 0.2 mol/L Na_2HPO_4 溶液混匀。

(2)酶提取缓冲液：称取 77 mg DTT、5 g PVP，加入 0.2 mol/L 磷酸缓冲液(pH 7.8)，定容至 100 mL，摇匀，即得提取缓冲液(含 5 mmol/L DTT 和 5% PVP)，低温(4℃)贮藏备用。

(3)50 mmol/L 磷酸缓冲液(pH 7.8)：量取 91.5 mL 50 mmol/L NaH_2PO_4 溶液，加入 8.5 mL 50 mmol/L Na_2HPO_4 溶液混匀。

(4)130 mmol/L L-蛋氨酸(MET)溶液：称取 1.94 g L-蛋氨酸，用 50 mmol/L 磷酸缓冲液(pH 7.8)溶解，定容至 100 mL，充分混合(现用现配)。低温避光保存，可使用 2～3 天。

(5)750 μmol/L 氮蓝四唑(NBT)溶液：称取 61.3 mg NBT，用蒸馏水溶解，定容至 100 mL，充分混匀(现用现配)。低温避光保存，可使用 2～3 天。

(6)100 μmol/L Na_2-EDTA 溶液：称取 37.2 mg Na_2-EDTA，用蒸馏水溶解，定容至 100 mL，使用时稀释 100 倍。低温避光保存，可使用 8～10 天。

(7)20 μmol/L 核黄素溶液：称取 75.3 g 核黄素，用蒸馏水溶解，定容至 100 mL，使用时稀释 100 倍。低温避光保存，即用黑纸将装该液的棕色瓶包好，现用现配。

2. 仪器耗材

研钵、刻度吸管(2 mL)、离心管、试管(10 mL)、烧杯、分光光度计、光照箱(光照度为 4 000 lx)、高速冷冻离心机、电子天平。

四、实验方法

1. 超氧化物歧化酶(SOD)粗酶液制备

取材，称取 0.1～0.5 g 样品，置于研钵中，加入 5 mL 预冷酶提取缓冲液，在冰浴条件下研磨成匀浆，将匀浆液全部转入到离心管中，于 4℃、4 000 r/min 离心 30 min，收集上清液，低温保存备用，测量提取液总体积。

2. 超氧化物歧化酶(SOD)活性测定

用 5 支玻璃试管进行测定。按照表 3-16 所列内容加入各种溶液(注意最后加入核黄素溶液)。其中 3 支为测定管,2 支为对照管。混匀后将 1 支对照管置于暗处,其他 4 管置于 4 000 lx 日光灯下反应 15 min 后,立即置于暗处终止反应,以避光对照管作为空白,参比调零,分别测定 560 nm 处其他各管的吸光度。

表 3-16

试剂(酶)	用量/mL	终浓度(比色时)
50 mmol/L 磷酸缓冲液(pH 7.8)	1.7	
130 mmol/L L-蛋氨酸(MET)溶液	0.3	13 mmol/L
750 μmol/L 氮蓝四唑(NBT)溶液	0.3	75 μmol/L
100 μmol/L Na$_2$-EDTA 溶液	0.3	10 μmol/L
超氧化物歧化酶粗酶液	0.1	对照 2 支试管以缓冲液代替
20 μmol/L 核黄素溶液	0.3	2.0 μmol/L
总体积	3	

五、实验结果、计算及分析

1. 测定数据记录

记录于表 3-17。

表 3-17

重复次数	样品质量 m/g	提取液体积 V/mL	吸取样品液体积 V_s/mL	560 nm 吸光度		样品 SOD 活性计算值/U
				OD_c（照光对照管）	OD_s（样品管）	
1						
2						
3						

将 3 次样品 SOD 活性进行平均值计算即为样品超氧化物歧化酶 SOD 活力。

2. 超氧化物歧化酶活力计算

显色反应后,分别记录样品管反应混合液的吸光度值(OD_s)和照光对照管反应混合液的吸光度(OD_c)。以每分钟每克植物组织(鲜重)的反应体系抑制 50% 的 NBT 光还原反应时所需的酶量作为一个酶活性单位(U)。

$$超氧化物歧化酶[U/(g \cdot min)] = \frac{(OD_c - OD_s) \times V}{0.5 \times OD_c \times V_s \times t \times m}$$

式中,OD_c为照光对照管反应液的吸光度;OD_s为样品管反应混合液的吸光度;V为样品提取液总体积,mL;V_s为测定时所取样品提取液体积,mL;t为光照反应时间,min;m为样品质量,g。

六、思考题

(1)为什么SOD酶活力不能直接进行测定?

(2)超氧阴离子自由基(O_2^-)为什么能对机体活细胞产生危害,SOD酶如何减少超氧自由基的毒害作用?

(3)在SOD测定中为什么设照光和不照光两个对照管?

(4)影响本实验准确性的主要因素是什么?应该如何克服?

七、注意事项

(1)富含酚类物质的植物在匀浆时产生大量的多酚类物质,会引起酶蛋白不可逆沉淀,使酶失去活性,因此在提取此类植物SOD酶时,必须添加多酚类物质的吸附剂,将多酚类物质除去,避免酶蛋白变性失活,一般在提取液中加入1‰～4‰聚乙烯吡咯烷酮。通过预实验,摸索显色反应所需的时间。

(2)当测定样品数量较大时,可在临用前根据用量将表中各试剂(酶液和核黄素除外)按比例混合后一次性加入2.6 mL,然后依次加入核黄素和酶液,使终浓度不变,其余各步骤与上相同。

(3)要求各管受光情况一致,所有反应管应排列在与日光灯管平行的直线上。反应温度控制在25℃,视酶活性高低适当调整反应时间。温度较高时,光照时间应缩短;温度较低时,光照时间相应延长。

(4)所用试管要洁净透明,透光性好。用浅底广口的小玻璃皿照光效果更好。

(5)植物组织线粒体内SOD酶浓度较高,因此研磨要充分。

内容二　过氧化物酶(POD)的活性测定

一、实验目的

(1)了解愈创木酚法测定植物体内过氧化物酶(POD)活性的基本原理。

(2)掌握愈创木酚法测定植物体内过氧化物酶(POD)活性的操作方法。

二、实验原理

过氧化物酶(POD)是植物体内普遍存在的、活性较高的一种酶,它与呼吸作用、光合作用及生长素的氧化等都有密切关系,在植物生长发育过程中,它的活性不断发生变化,因此测量这种酶,可以反映某一时期植物体内的代谢变化。

在有过氧化氢存在的条件下,过氧化物酶能使愈创木酚氧化,生成茶褐色物质,该物质在 470 nm 处有最大吸收,因此可用分光光度计测量 470 nm 处的吸光度变化来测定过氧化物酶活性。

三、试剂与仪器、耗材

1. 试剂

(1)愈创木酚。

(2)30% 过氧化氢。

(3)0.1 mol/L 磷酸缓冲液(pH 6.0):量取 87.7 mL 0.1 mol/L NaH_2PO_4 溶液,加入 12.31 mL 0.1 mol/L Na_2HPO_4 溶液混匀。

(4)反应混合液:取 0.1 mol/L 磷酸缓冲液(pH 6.0)于 50 mL 烧杯中,加入愈创木酚 28 μL,于磁力搅拌器上加热搅拌,直至愈创木酚溶解,待溶液冷却后,加入 30% 过氧化氢 19 μL,混合均匀,保存于冰箱中备用。

2. 仪器耗材

计时器、研钵、剪刀、容量瓶(25 mL)、试管、高速冷冻离心机、分光光度计、恒温水浴锅、磁力搅拌器。

四、实验方法

1. 过氧化物酶(POD)粗酶液的制备

称取植物材料 0.5~1 g,剪碎,置于研钵中,加入 5 mL pH 6.0 0.1 mol/L 磷酸缓冲液研磨成匀浆,以 4 000 r/min 低温离心 15 min,上清液转入 25 mL 容量瓶中。并用缓冲液冲研钵数次,合并冲洗液,定容至 25 mL 刻度,所得溶液即为粗酶液,低温下保存备用。

2. 过氧化物酶(POD)活性测定

分别取 2 支试管,其中在一支试管内加入 3 mL 愈创木酚的反应混合液及 1 mL 的过氧化物酶(POD)的粗酶液(如酶活性过高可在使用前稀释)。另一支试管内加入 3 mL 愈创木酚的反应混合液及 1 mL 的 pH 6.0、浓度为 0.1 mol/L 的磷酸缓冲液,分别混匀,立即将混合液置于 2 支比色皿中进行比色,开启秒表记录时间,于 470 nm 处测定吸光度(OD)值,每隔 1 min 读数一次,共记录 5 次,然后以每分钟内 A_{470} 变化 0.01 为 1 个酶活性单位(U)。

五、实验结果、计算及分析

$$过氧化物酶活性[U/(g \cdot min)] = \frac{\Delta A_{470} \times V_T}{m \times V_s \times 0.01 \times t}$$

式中,ΔA_{470} 为反应时间内吸光度 OD 值的变化;m 为植物鲜重,g;t 为反应时间,min;V_T 为提取酶液总体积,mL;V_s 为测定时取用酶液体积,mL。

六、思考题

(1)测定过氧化物酶活性除了本方法外,还可以采用什么方法进行?
(2)测定过氧化物酶活性的生理意义是什么?
(3)测定过氧化物酶 POD 时需要在过程中控制哪些条件?

七、注意事项

(1)酶液的提取过程要尽量在低温条件下进行。
(2)愈创木酚反应混合液中的 H_2O_2 要在反应开始前加,不能直接加入。

内容三　过氧化氢酶(CAT)活性测定

一、实验目的

(1)了解比色法测定植物体内过氧化氢酶(CAT)活性的基本原理。
(2)掌握比色法测定植物体内过氧化氢酶(CAT)活性的操作方法。

二、实验原理

过氧化氢酶(CAT)属于血红蛋白酶,含有铁,它能催化过氧化氢分解为水和分子氧,在此过程中起传递电子的作用,其所催化的底物过氧化氢在反应过程中既是氧化剂又是还原剂。

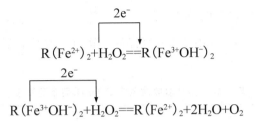

通常,我们可根据过氧化氢酶(CAT)对过氧化氢的催化能力来测定酶的活力,即通过测量过氧化氢(H_2O_2)的消耗量或 O_2 的生成量来反映过氧化氢酶的活力大小。过氧化氢在 240 nm 波长下有强烈吸收,过氧化氢酶能分解过氧化氢,使反应溶液的吸光度(A_{240})随反应时间而降低。因此,根据测量在 240 nm 波长下的吸光率的变化即可反映出过氧化氢酶(CAT)的活性。

三、试剂与仪器、耗材

1. 实验试剂

(1)0.2 mol/L pH 7.8 磷酸缓冲液(内含 1‰聚乙烯吡咯烷酮):量取 91.5 mL 0.2 mol/L NaH_2PO_4 溶液,加入 8.51 mL 0.2 mol/L Na_2HPO_4 溶液混匀,并加入 1 g 的聚乙烯吡咯烷酮。

(2)0.1 mol/L H_2O_2 溶液。30% H_2O_2 溶液 5.68 mL 稀释至 1 000 mL。

2. 仪器耗材

研钵、恒温水浴锅、容量瓶(100 mL)、刻度试管(10 mL)、高速冷冻离心机、计时器、分光光度计、电子天平。

四、实验方法

1. 过氧化氢酶(CAT)粗酶液的制备

称取新鲜植物叶片或其他组织 0.1~0.5 g,置于研钵中,加入 2~3 mL 4℃下预冷的 0.2 mol/L pH 7.8 磷酸缓冲液研磨匀浆后,转入 25 mL 容量瓶中,并用缓冲液冲研钵数次,合并冲洗液,并定容到刻度。混合均匀,将容量瓶置 4℃冰箱中静置 10 min,取上清液在 4 000 r/min 下离心 15 min,上清液即为过氧化氢粗提液,4℃下保存备用。

2.过氧化氢酶(CAT)活性测定

取 10 mL 试管 4 支,其中 3 支为样品测定管,1 支为空白管,按表 3-18 顺序分别加入下列试剂。

表 3-18 紫外吸收法测定 H_2O_2 样品液配制表   mL

溶　液	管　号			
	S_0	S_1	S_2	空白
CAT 粗酶液	0.4	0.4	0.4	0
pH 7.8 磷酸缓冲液	3.0	3.0	3.0	3.0
蒸馏水	2.0	2.0	2.0	2.0

加完上述试剂后,S_0 试管首先 100℃沸水浴 1 min,使过氧化氢酶(CAT)灭活,然后将所有试管在 25℃水浴中预热 3 min,再逐管加入 0.3 mL 0.1 mol/L 的 H_2O_2,每加完一管立即计时,并迅速倒入石英比色杯中,240 nm 下测定吸光度,每隔 1 min 读数 1 次,共测 4 min。待 3 支管分别全部测定完毕后,以 1 min 内 A_{240} 减少 0.1 的酶量作为 1 个酶活单位(U),按计算公式计算过氧化氢酶的酶活力。

五、实验结果、计算及分析

$$过氧化氢酶活性[U/(g \cdot min)] = \frac{\Delta A_{240} \times V_T}{0.1 \times V_1 \times t \times m}$$

式中,$\Delta A_{240} = A_{S_0} - \dfrac{(A_{S_1} + A_{S_2})}{2}$;$A_{S_0}$ 为加入煮沸酶液的对照管吸光值;A_{S_1},A_{S_2} 为样品管吸光值;V_T 为粗酶提取液总体积,mL;V_1 为测定用粗酶液体积,mL;m 为样品鲜重,g;t 为加过氧化氢到最后一次读数时间,min;0.1 为 A_{240} 每下降 0.1 为 1 个酶活单位,U。

六、思考题

(1)影响过氧化氢酶活性测定的因素有哪些?
(2)过氧化氢酶与哪些生理生化过程有关?

七、注意事项

(1)酶液的提取过程要尽量在低温条件下进行。
(2)凡在 240 nm 下有强吸收的物质对本实验有干扰。

实验七　酵母蔗糖酶的粗提及活力和比活力分析

一、实验目的

(1)学习和掌握从酵母中提取蔗糖酶的操作方法。

(2)学习和掌握测定酵母蔗糖酶活力、比活力的实验原理和方法。

二、实验原理

蔗糖酶在酵母细胞中存在着两种形式,一种存在于细胞膜外细胞壁中的高度糖基化的胞外蔗糖酶,其活力占蔗糖酶活力的大部分,含有 50% 糖成分。该酶是蔗糖酶的主要形式。而另一种存在于细胞膜内侧细胞质中的低糖基化的胞内蔗糖酶。蔗糖酶催化底物蔗糖分解成葡萄糖和果糖。葡萄糖和果糖具有还原性,可与3,5-二硝基水杨酸共热后被还原成棕红色物质,在一定范围内,葡萄糖的含量和反应液的颜色强度成正比例关系。

酵母蔗糖酶的酶活单位:在 40℃水浴反应 10 min,测定吸光值 A_{540},将每增加 0.01 个光吸收值的酶量定义为一个酶活力单位(U)。

酵母蔗糖酶比活力测定:每毫克蔗糖酶蛋白所具有的活力单位(U/mg),对同一种酶来说,酶的比活力越高,酶的纯度越高。

酵母蔗糖酶蛋白含量的测定原理:考马斯亮蓝能与蛋白质的疏水区相结合,这种结合具有高敏感性。考马斯亮蓝 G250 的磷酸溶液呈棕红色,最大吸收峰在465 nm。当它与蛋白质结合形成复合物时呈蓝色,其最大吸收峰改变为 595 nm,考马斯亮蓝 G250-蛋白质复合物的高消光效应导致了蛋白质定量测定的高敏感度。在一定范围内,考马斯亮蓝 G250-蛋白质复合物呈色后,在 595 nm 下,吸光度与蛋白质含量呈线性关系,故可以用于蛋白质浓度的测定。

三、试剂与仪器、耗材

1. 试剂

(1)0.01 mol/L pH 6.0 磷酸缓冲溶液:量取 60 mL 0.1 mol/L 的磷酸氢二钠和 940 mL 0.1 mol/L 的磷酸二氢钠,配制成 1 000 mL pH 6.0 的 0.01 mol/L 磷酸缓冲液。

(2)0.5 mol/L 蔗糖:称取 17.115 g 蔗糖,放入 100 mL 的烧杯中,用 100 mL量筒量取 100 mL 0.01 mol/L pH 6.0 磷酸缓冲溶液,加入烧杯中,蔗糖溶解。

(3)2 mol/L NaOH：称取 8 g NaOH 固体，放入 250 mL 的烧杯中，用 100 mL 量筒量取 100 mL 蒸馏水，加入烧杯中，不断搅拌至固体溶解。

(4)3,5-二硝基水杨酸(DNS)试剂：称取 19.2 g 酒石酸钾钠溶于 50 mL 水中（电炉加热溶解，不用沸腾），把 0.63 g DNS 和 26.2 mL 2 mol/L NaOH 加到酒石酸钾钠的热溶液中，电炉加热溶解，冷却到 50~60℃，再加 0.5 g 苯酚和 0.5 g 亚硫酸钠，搅拌使溶解。冷却后加水定容至 100 mL，过滤，贮于棕色瓶中。

(5)0.9% NaCl 溶液：称取 0.9 g NaCl 固体用少量水溶解后，于 100 mL 量筒中加水定容到 100 mL。

(6)考马斯亮蓝 G250 染液(0.01%)：称取 0.1 g 考马斯亮蓝 G250 溶于 50 mL 95%乙醇中，再加入 100 mL 浓磷酸，然后用蒸馏水定容到 1 000 mL。

(7)牛血清标准蛋白液(0.1 mg/mL)：准确称取牛血清蛋白 0.1 g，用 0.9% NaCl 溶液溶解并稀释至 1 000 mL。

(8)浓磷酸：即市售的质量分数为 85%的磷酸，比重为 1.69。

(9)蒸馏水。

(10)无水乙醇。

2.仪器耗材

分光光度计、离心机、水浴锅、电炉、量筒、烧杯、移液管、吸耳球、试管、玻璃棒、胶头滴管、pH 试纸。

四、实验方法

1.粗提取酵母蔗糖酶

称取 5 g 酵母粉，再加入 10 mL 0.01 mol/L 磷酸缓冲液(pH 6.0)，搅拌混合，样品液置于小烧杯中，此为酵母蔗糖酶的粗制品。

将上述样品液置于离心管中，1 000 r/min 离心 10 min，离心后取上清液，按表 3-19、表 3-20 方法分别测酵母蔗糖酶的蛋白含量及活力和比活力。

2.酵母蔗糖酶蛋白含量的测定——考马斯亮蓝 G250 染色法

标准曲线的制备：取 6 支试管，按表 3-19 编号并加入试剂。混匀，室温静置 3 min，以 1 号管为空白，于波长 595 nm 处比色，读取吸光度，以吸光度为纵坐标，各标准浓度(mg/mL)作为横坐标作图得标准曲线。

表 3-19　马斯亮蓝 G250 染色法测定蛋白质浓度——标准曲线的制作

溶　液	管　号					
	1(空白)	2	3	4	5	6
标准蛋白溶液/mL	—	0.2	0.4	0.6	0.8	1.0
实际蛋白质含量/mg	—	20	40	60	80	100
0.9% 生理盐水/mL	1.0	0.8	0.6	0.4	0.2	—
蛋白质染液/mL	4.0	4.0	4.0	4.0	4.0	4.0
A_{595}	需　测　定					

3. 样品液的测定

另取 1 支试管,加入样品液 1.0 mL 及考马斯亮蓝染液 4.0 mL,混匀,室温静置 3 min,于波长 595 nm 处比色,读取吸光度,由样品液的吸光度查标准曲线即可求出蛋白含量。

4. 酵母蔗糖酶酶活性的测定

取 4 支试管,以 1 号管为对照,2、3、4 号管为样品液,按表 3-20 加入试剂并进行实验操作。

表 3-20　酵母蔗糖酶酶活力及比活力测定　　　　　　　　　　　　　　mL

试　剂	管　号			
	1(对照)	2	3	4
0.5 mol/L 蔗糖	0.3	0.3	0.3	0.3
2 mol/L 氢氧化钠溶液	0.1	0	0	0
	40℃恒温水浴准确保温 10 min			
各组酶液	—	0.1	0.1	0.1
0.01 mol/L pH 6.0 PBS	0.1	—	—	—
	40℃恒温水浴中准确反应 10 min			
2 mol/L 氢氧化钠溶液	0.1	0.1	0.1	0.1
DNS	0.5	0.5	0.5	0.5
	100℃沸水浴准确加热 5 min,立即冷却			

续表 3-20

试 剂	管 号			
	1(对照)	2	3	4
蒸馏水/mL	4.0	4.0	4.0	4.0
		摇匀,以对照管作空白		
A_{540}	0			
酶活/U	0			
酶比活力/(U/mg)	0			
酶比活力平均值/(U/mg)	0			

五、实验结果、计算与分析

(1)做好表 3-19、表 3-20 中的实验数据原始记录。

(2)制作测定蛋白质含量的标准曲线。

(3)活力和比活力的计算。根据测得结果,计算出各步骤数据填入表 3-20。

(4)对实验结果,加以解释,若有异常现象出现,可进行分析讨论。

六、思考题

(1)测定蔗糖酶活力时,反应液中先后加入 0.1 mL 2 mol/L 的氢氧化钠溶液的目的是什么?

(2)本实验中有哪些影响蔗糖酶酶活力的因素?

(3)简述比活力的定义。

七、注意事项

(1)在测 OD 值时,电子示数不稳定,可能是由于溶液内部的物质分布不均匀,因而计算所得的蛋白质浓度和酶活结果时与理论会有偏差。

(2)在测定酵母蔗糖酶酶活性时,对照管的颜色不能太深,如果太深,需要重新配蔗糖溶液。

实验八　糖化酶的固定化及酶学性质分析

一、实验目的

(1)掌握制备固定化酶的方法、原理及固定化酶的特点。

(2)了解并掌握固定化糖化酶酶学性质的变化。

二、实验原理

固定化酶就是将水溶性的酶用物理或化学方法结合固定于固相载体,并能分批和反复利用的酶。在催化反应中,固定化酶以固相状态作用于底物,反应完成后,容易与水溶性反应物或产物分离,可反复使用。固定化酶不但具有酶的高度专一性和高催化效率的特点外,固定化酶比水溶性酶更加稳定,可长期使用,具有较高的经济效益。

酶的固定化方法大致可分为:吸附法、包埋法、结合法及交联法。

1.吸附法

吸附法即通过载体表面和酶分子表面间的次级键相互作用而达到固定目的的方法,是固定化中最简单的方法。通常有物理吸附法和离子吸附法。物理吸附法是通过非特异性物理吸附作用将酶直接吸附在水不溶性载体表面上而使酶固定化的方法。包括范德华力、疏水作用力、氢键。而离子吸附法是通过离子键使酶与含有离子交换基团的水不溶性载体相结合的固定化方法。吸附法常用吸附剂有活性炭、氧化铝、硅藻土、多孔陶瓷、多孔玻璃等。采用吸附法固定酶,其操作简便、条件温和,不会引起酶变性或失活,且载体廉价易得,可反复使用。

2.包埋法

包埋法即将酶包裹于凝胶网格或聚合物的半透膜中,使酶固定化(图 3-1)。通常,所用的包埋凝胶有琼脂、海藻酸盐以及聚丙烯酰胺凝胶等;而用于制备微囊包埋的材料有聚酰胺、聚脲、聚酯等。将酶包埋在聚合物内是一种反应条件温和,很少改变酶蛋白结构的固定化方法,此法对大多数酶、粗酶制剂、甚至完整的微生物细胞都适用。但此法较适合于小分子底物和产物的反应,因为在凝胶网格和微囊中存在有分子扩散效应,如果经包埋的固定化酶与大分子底物反应时,大分子底物由于体积较大就无法有效接近固定化酶,因此包埋法的固定化酶一般适合于小分子底物和产物的反应。

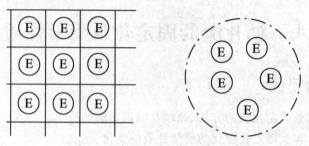

图 3-1　固定化酶-包埋法示意图

3. 结合法

将酶通过物理或化学的方法结合到非水溶性的载体上即为结合法(图 3-2)。一般来讲,载体的亲水性基团越多,表面积越大,单位载体结合的酶量也越大。常用的载体包括天然高分子(纤维素、琼脂糖、葡萄糖凝胶、胶原及其衍生物),合成高分子(聚酰胺、乙烯-顺丁烯二酸酐共聚物等)和无机支持物(多孔玻璃、金属氧化物等)。

在固定化酶的结合法中最常用的是共价结合法,此外还有离子结合法。酶蛋白分子与水不溶性固相支持物表面通过离子键结合而使酶固定的方法,叫离子键结合法。而酶与固相支持物间形成化学共价键结合的固定化方法叫共价键结合法。相比之下,共价键结合法结合力牢固,使用过程中不易发生酶的脱落,稳定性能好。但该法的缺点是载体的活化或固定化操作比较复杂,反应条件也比较强烈,所以往往需要严格控制条件才能获得活力较高的固定化酶。

4. 交联法

依靠双功能团试剂使酶分子之间发生交联凝集成网状结构,使之不溶于水从而形成固定化酶(图 3-3)。常采用的双功能团试剂有戊二醛、顺丁烯二酸酐等。酶蛋白的游离氨基、酚基、咪唑基及巯基均可参与交联反应。

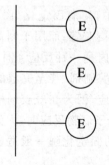

图 3-2　固定化酶-结合法示意图

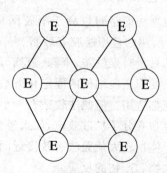

图 3-3　固定化酶-交联法示意图

　　交联法是用多功能试剂进行酶蛋白之间的交联,使酶分子和多功能试剂之间形成共价键,得到三相的交联网架结构,除了酶分子之间发生交联外,还存在着一定的分子内交联。多功能试剂交联制备固定化酶方法可分为:①单独与酶作用;②酶吸附在载体表面上再经受交联;③多功能团试剂与载体反应得到有功能团的载体,再连接酶。交联剂的种类很多,最常用的是戊二醛,其他的还有异氰酸衍生物、双偶氮二联苯胺、N,N-乙烯马来酰亚胺等。交联法的优点是酶与载体结合牢固,稳定性较高;缺点是有的方法固定化操作较复杂,进行化学修饰时易造成酶失活。

　　酶活力是指酶催化某些化学反应的能力。酶活力的大小可以用在一定条件下它所催化的某一化学反应的速度来表示。测定酶活力实际就是测定被酶所催化的化学反应的速度。

　　糖化酶又称葡萄糖淀粉酶,学名为 α-1,4-葡萄糖水解酶,其是由一系列微生物分泌的具有外切酶活性的胞外酶。糖化酶的主要作用是从淀粉、糊精、糖原等碳链上的非还原性末端(整个碳链只有一个还原端,与之相对的都是非还原端)依次水解 α-1,4-糖苷键,切下一个个葡萄糖单元,并像 β-淀粉酶一样,使水解下来的葡萄糖发生构型变化,形成 β-D-葡萄糖。对于支链淀粉,当糖化酶遇到支链淀粉的分支点时,它也可以水解 α-1,6-糖苷键,由此将支链淀粉全部水解成葡萄糖。与此同时,糖化酶也能微弱水解 α-1,3-连接的碳链,但水解 α-1,4-糖苷键的速度最快,它一般都能将淀粉百分之百地水解生成葡萄糖。

　　测定糖化酶的方法有次碘酸钠法、兰-爱农法(SP 法)、对硝基苯酚葡萄糖法(NPG 法)及 3,5-二硝基水杨酸(DNS)等方法。本实验测定糖化酶活力的方法采用 3,5-二硝基水杨酸法。其基本原理为在碱性溶液中,当糖化酶水解淀粉得到还原糖时,还原糖能作用于黄色的 3,5-二硝基水杨酸生成棕红色的 3-氨基-5-硝基水杨酸。且在一定的范围内,生成物反应液颜色的深浅与还原糖的量成正比,因此可以在可见光区 540 nm 波长下测定反应液生成物的颜色,进一步计算出还原糖含量,从而反映糖化酶的活力大小,即在一定时间内生成的还原糖(葡萄糖)量表示酶活大小。

　　本实验将糖化酶进行固定化,其固定化方法为"海藻酸钙凝胶包埋法",具体固定化机理为:①海藻酸钠是糖醛酸的钠盐聚合物,其在酸性条件下可形成凝胶。②明胶是一种多肽聚合物,在一定 pH 条件下,带正电荷的明胶与海藻酸根阴离子形成聚合物。③海藻酸钠与钙离子在一定条件下结合形成不溶于水的微球,从水中分离出来。具体固定化糖化酶催化淀粉液生成葡萄糖的操作工艺流程如下:

糖化酶
↓
　　　　　　　缓冲液溶解　　　　　　　　2%的淀粉溶液
　　　　　　　　　↓　　　　　　　　　　　↓
海藻酸钠→溶解→混合→造粒→固定糖化酶颗粒→混合→催化反应→葡萄糖→检测

三、试剂与仪器、耗材

1. 实验试剂

(1)海藻酸钠。

(2)2% 氯化钙溶液:称取 2 g 氯化钙,加蒸馏水定容至 100 mL。

(3)0.1 mol/L 醋酸缓冲液(pH 4.6):用 0.1 mol/L 的醋酸溶液与 0.1 mol/L 的醋酸钠溶液等体积混合。

(4)2% 直链淀粉溶液:称取 2 g 直链淀粉,用 pH 4.6 0.1 mol/L 的醋酸缓冲液少量溶解后调匀定容至 100 mL,此溶液现配现用。

(5)3,5-二硝基水杨酸溶液:准确称取 3,5-二硝基水杨酸(DNS)6.3 g 于 500 mL 大烧杯中,用少量蒸馏水溶解后,加入 2 mol/L 氢氧化钠溶液 262 mL,再加到 500 mL 含有 185 g 酒石酸钾钠的热水溶液中,再加 5 g 结晶酚和 5 g 无水亚硫酸钠搅拌溶解,冷却后移入 1 000 mL 容量瓶中用蒸馏水定容至 1 000 mL,充分混匀。贮于棕色瓶中,室温放置一周后使用。

(6)0.1 mg/mL 的葡萄糖标准溶液:精密称取 105℃ 干燥至恒重的葡萄糖标准品 1 g,溶解稀释后定容于 100 mL 容量瓶中,配成 10 mg/mL 的标准贮备液,精密吸取贮备液 1 mL 定容至 100 mL,配成 0.1 mg/mL 的葡萄糖标准液。

(7)2 mol/L 的氢氧化钠溶液:称取 80 g 氢氧化钠固体,用蒸馏水溶解并定溶液于 1 000 mL 容量瓶中即得。

2. 仪器耗材

电子天平、恒温水浴锅、注射器(10 mL)、烧杯(50 mL、500 mL)、容量瓶(100 mL、1 000 mL)、移液管、分光光度计、刻度试管(25 mL)、刻度吸管(10 mL、5 mL、2 mL、1 mL)、pH 试纸、电阻炉。

四、实验方法

1. 糖化酶溶液的制备

精确称取干酶粉 1 g,加入 10 mL pH 4.6 醋酸缓冲液,在小烧杯中溶解,并用玻璃棒搅拌,静置片刻后,将上层液小心倾入 100 mL 容量瓶中,沉渣部分再加入少量缓冲液,如此反复搅拌溶解 3～4 次,最后全部移入容量瓶中,用缓冲溶液定容至刻度,充分摇匀,吸取滤液 10 mL,再次移入 100 mL 容量瓶中,用蒸馏水稀释至刻度,所得溶液为稀释 1 000 倍的酶液(1 mg/mL)。

2. 葡萄糖标准曲线的制作

取 7 支 20 mL 具塞刻度试管,预先洁净灭菌干燥,编号,按表 3-21 加入试剂后摇匀,至沸水浴中煮沸 5 min。取出后流水冷却,加蒸馏水定容至 20 mL。以 1 号管作为空白调零点,在 540 nm 的波长下比色测定吸光度值。以光密度为纵坐标,葡萄糖含量为横坐标,绘制出葡萄糖溶液标准曲线。

表 3-21　标准葡萄糖溶液成分表及吸光度测定值

试　剂	管　号						
	1	2	3	4	5	6	7
0.1 mg/mL 葡萄糖标准液/mL	0	0.2	0.4	0.6	0.8	1.0	1.2
H_2O/mL	2.0	1.8	1.6	1.4	1.2	1.0	0.8
3,5-二硝基水杨酸/mL	2.0	2.0	2.0	2.0	2.0	2.0	2.0
葡萄糖含量/mg	0	0.2	0.4	0.6	0.8	1.0	1.2
A_{540}							

3. 海藻酸钙凝胶包埋法制备固定化糖化酶

称取 0.6 g 海藻酸钠放入 20 mL 蒸馏水中于 100℃ 水浴溶解,制成 3% 海藻酸钠溶液。取上述糖化酶液 5 mL 与 5 mL 3% 海藻酸钠溶液混合,搅拌均匀(控制 pH 4.5～5.0),用注射器吸取上述混合液 10 mL,缓慢滴入 4℃ 预冷的 2% $CaCl_2$ 溶液中,立即形成光滑的微球体,滴完后静置硬化 60 min,倾去 $CaCl_2$ 溶液,用适量 pH 4.6 醋酸缓冲溶液洗涤 2～3 次,即制备得到由 5 mL 游离糖化酶参与固定的固定化糖化酶。

4. 游离糖化酶酶活性的测定方法

采用 3,5-二硝基水杨酸法(DNS)测定还原糖。取稀释酶液 5 mL 置于试管中,并加入 2% 的淀粉溶液 10 mL(淀粉溶液 55℃ 预热 5 min)后,置于 55℃ 恒温水浴反应作用 10 min,100℃ 沸水浴 5 min 快速灭活,取出快速冷却。取反应液 0.5 mL 与 1.5 mL 3,5-二硝基水杨酸试剂混合,沸水浴反应 3 min 后迅速冷却,并定容至 20 mL,540 nm 下测定吸光度。在相同条件下,以加入在沸水浴中先加热 5 min 失活的酶液作对照(表 3-22)。

表 3-22　游离糖化酶活力测定体系

试 剂	管 号	
	1	2
糖化酶液/mL	5	5
操作	—	100℃水浴灭活 5 min
2%淀粉溶液/mL	10	10
操作	55℃恒温水浴 10 min 100℃水浴灭活 5 min 取上述反应液 0.5 mL	
3,5-二硝基水杨酸/mL	1.5	1.5
操作	100℃水浴反应显色 3 min,快速冷却并定容至 20 mL	
A_{540}	测定吸光度记录数值	

5.固定化糖化酶酶活性的测定方法

取上述制备的固定化糖化酶颗粒,加入 2%的淀粉溶液 10 mL(淀粉溶液 55℃预热 5 min)后,置于 55℃恒温水浴反应作用 10 min,100℃沸水浴 5 min 快速灭活,取出快速冷却,取反应液 0.5 mL 与 1.5 mL 3,5-二硝基水杨酸试剂混合,沸水浴反应 3 min 后迅速冷却,并定容至 20 mL,540 nm 下测定吸光度。在相同条件下,以加入在沸水浴中先加热 5 min 失活的固定化酶作对照(表 3-23)。

表 3-23　固定化糖化酶活力测定体系

试 剂	管 号	
	1	2
固定化糖化酶	制备的固定化酶颗粒全部取用并加入 5 mL pH 4.6 醋酸缓冲液	
操作	—	100℃水浴灭活 5 min
2%的淀粉溶液/mL	10	10
操作	55℃恒温水浴 10 min 100℃水浴灭活 5 min 取上述反应液 0.5 mL	
3,5-二硝基水杨酸/mL	1.5	1.5
操作	100℃水浴反应显色 3 min,快速冷却并定容至 20 mL	
A_{540}	测定吸光度记录数值	

6.游离糖化酶及固定化糖化酶酸碱稳定性的测定

取 5 mL 游离糖化酶和相对应量的固定化糖化酶加到 pH 分别为 2.6、4.6、5.4、6.8、9.8 的醋酸缓冲溶液中,25℃下放置 1 h,随后在各试管中加入 2% 的淀粉溶液 10 mL(淀粉溶液 55℃预热 5 min)后,置于 55℃恒温水浴反应作用 10 min,100℃沸水浴 5 min 快速灭活,取出快速冷却,取反应液 0.5 mL 与 1.5 mL 3,5-二硝基水杨酸试剂混合,沸水浴反应 3 min 后迅速冷却并定容至 20 mL,540 nm 下测定吸光度。在相同条件下,以加入在沸水浴中先加热 5 min 失活的游离酶及固定化酶作对照。分别计算游离糖化酶和固定化糖化酶的酶活力,来反映游离糖化酶及固定化糖化酶酸碱稳定性的差异。

7.游离糖化酶及固定化糖化酶温度稳定性的测定

取 5 mL 游离糖化酶和相对应量的固定化糖化酶于 4℃、30℃、50℃、60℃、70℃水浴温度下保存 1 h 后,随后在各试管中加入 2% 的淀粉溶液 10 mL(淀粉溶液 55℃预热 5 min)后,置于 55℃恒温水浴反应作用 10 min,100℃沸水浴 5 min 快速灭活,取出快速冷却,取反应液 0.5 mL 与 1.5 mL 3,5-二硝基水杨酸试剂混合沸水浴反应 3 min 后迅速冷却并定容至 20 mL,540 nm 下测定吸光度。在相同条件下,以加入在沸水浴中先加热 5 min 失活的游离酶及固定化酶作对照。计算游离糖化酶和固定化糖化酶的酶活力,来反映游离糖化酶及固定化糖化酶温度稳定性的差异。

五、实验结果、计算及分析

1.葡萄糖标准曲线的制作

见表 3-21。

2.游离糖化酶/固定化糖化酶活力计算

酶活力的定义为:在 pH 为 4.6,温度 55℃条件下,游离糖化酶/固定化糖化酶催化水解底物 2% 的淀粉,以每分钟转化生成 1 mol 葡萄糖所需的酶量为一个酶活力单位,用 U 表示。

$$糖化酶酶活力[U/(mol \cdot min)] = \frac{A\ 值对应的葡萄糖含量 \times V_T \times S}{t \times V_t \times M_G}$$

式中,V_T 为总反应液体积,mL;S 为酶液稀释倍数;t 为酶促反应时间,min;V_t 为测定反应液体积,mL;M_G 为葡萄糖摩尔质量,g/mol。

3.游离糖化酶及固定化糖化酶酸碱稳定性的测定结果

见表 3-24 和表 3-25。

表 3-24　游离糖化酶不同 pH 条件下酶活力测定结果

项　目	管　号				
	1	2	3	4	5
pH	2.6	4.6	5.4	6.8	9.8
A_{540}					
计算		通过葡萄糖标准曲线计算			
葡萄糖含量/mg					
计算		通过活力计算公式计算			
酶活力/U					

表 3-25　固定化糖化酶不同 pH 条件下酶活力测定结果

项　目	管　号				
	1	2	3	4	5
pH	2.6	4.6	5.4	6.8	9.8
A_{540}					
计算		通过葡萄糖标准曲线计算			
葡萄糖含量/mg					
计算		通过活力计算公式计算			
酶活力/U					

综合对比相同 pH 条件下,游离糖化酶及固定化糖化酶酶活力的变化及其原因。

4.游离糖化酶及固定化糖化温度稳定性的测定结果

见表 3-26 和表 3-27。

表 3-26　游离糖化酶不同温度条件下酶活力测定结果

项　目	管　号				
	1	2	3	4	5
温度/℃	4	30	50	60	70
A_{540}					
计算			通过葡萄糖标准曲线计算		
葡萄糖含量/mg					
计算			通过活力计算公式计算		
酶活力/U					

表 3-27　固定化糖化酶不同温度条件下酶活力测定结果

项　目	管　号				
	1	2	3	4	5
温度/℃	4	30	50	60	70
A_{540}					
计算			通过葡萄糖标准曲线计算		
葡萄糖含量/mg					
计算			通过活力计算公式计算		
酶活力/U					

综合对比相同温度条件下,游离糖化酶及固定化糖化酶酶活力的变化及其原因。

六、思考题

(1)凝胶包埋法固定化酶有哪些优缺点?
(2)与游离酶相比,固定化酶有哪些优缺点?
(3)经过固定化后,酶的特性有哪些改变?
(4)酶活力测定过程中应注意哪些问题?

七、注意事项

(1)实验中无法完全排除重金属离子等非实验研究对象对酶活力造成的影响,

会导致结果不精确,故测定时需要用蒸馏水反复清洗玻璃试管。

(2)实验操作过程中或多或少存在酶的损失,尤其在酶的固定环节,尽量避免酶在注射器中的残留。

(3)时间以及温度、pH 等因素对实验结果有较大影响,需要实验人员在实验过程中要严格控制好。

(4)实验仪器本身精度有所限制,会导致实验结果不够精确,因此要严格控制人为主观因素在实验过程中的影响。

(5)此实验关键是在底物浓度和初速度 v 的测定时,加入保温过的酶液和NaOH 时要按同样的时间间隔依次加入,而且要注意摇匀。

实验九　　果蔬维生素 C 的提取和定量测定

一、实验目的

(1)学习并掌握 2,6-二氯酚靛酚滴定法测定维生素 C 的原理和方法。

(2)了解水果、蔬菜中维生素 C 含量情况。

二、实验原理

维生素 C 是人类营养中最重要的维生素之一,缺少它时会产生坏血病,因此又称为抗坏血酸(ascorbic acid)。它对物质代谢的调节具有重要的作用。近年来,发现它还有增强机体对肿瘤的抵抗力,并对化学致癌物具有阻断作用。维生素 C 是不饱和多羟基物,属于水溶性维生素。它分布很广,许多水果、蔬菜中的含量都很丰富。不同栽培条件、不同成熟度和不同的加工贮藏方法都可以影响水果、蔬菜的抗坏血酸含量。测定抗坏血酸含量是了解果蔬品质高低及其加工工艺成效的重要指标。

维生素 C 具有很强的还原性。还原型抗坏血酸能还原染料 2,6-二氯酚靛酚(dichloro-phenol-indophenol,简称 DCIP),本身则氧化为脱氢型。在酸性溶液中,2,6-二氯酚靛酚呈红色,如经维生素 C 还原后则变为无色。其反应如图 3-4 所示。

因此,当用此染料滴定含有维生素 C 的酸性溶液时,维生素 C 尚未全部被氧化前,则滴下的染料立即被还原成无色。一旦溶液中的维生素 C 已全部被氧化时,则滴下的染料立即使溶液变成粉红色。所以,当溶液从无色变成微红色时即表示溶液中的维生素 C 刚刚全部被氧化,此时即为滴定终点。如无其他杂质干扰,样品提取液所还原的标准染料量与样品中所含还原型抗坏血酸量成正比。

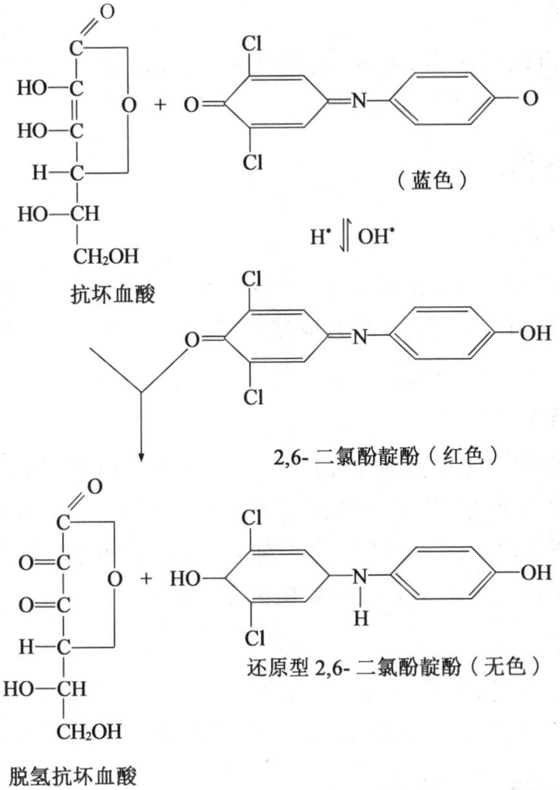

图 3-4 维生素 C 还原 2,6-二氯酚靛酚作用原理

三、试剂与仪器、耗材

1. 试剂

(1) 2% 草酸溶液：称取草酸 10 g，加蒸馏水定容至 500 mL。

(2) 1% 草酸溶液：称取草酸 5 g，加蒸馏水定容至 500 mL。

(3) 标准抗坏血酸溶液(0.1 mg/mL)：准确称取 25.0 mg 纯抗坏血酸(应为洁白色，如变为黄色则不能用)溶于 1% 草酸溶液中，并稀释至 250 mL，贮于棕色瓶中，冷藏(4℃)。最好临用前配制。

(4) 0.05% 2,6-二氯酚靛酚溶液：250 mg 2,6-二氯酚靛酚溶于 150 mL 含有 52 mg NaHCO₃ 的热水中，冷却后加水稀释至 500 mL，滤去不溶物，贮于棕色瓶中，冷藏 (4℃)，约可保存 1 周。每次临用时，以标准抗坏血酸溶液标定。

2.仪器耗材

天平、研钵、组织匀浆器、容量瓶、刻度吸管、抽滤设备、滤纸、碱式滴定管、锥形瓶。

四、实验方法

1.样品的制备

水洗干净待测的新鲜蔬菜或水果,用纱布或吸水纸吸干表面水分。然后称取20 g,加入 10～20 mL 2%草酸,研磨成浆状,抽滤,合并滤液,滤液总体积定容至50 mL。

2.标准液滴定

准确吸取标准抗坏血酸溶液 1 mL 置 50 mL 锥形瓶中,加 9 mL 1%草酸,以0.1% 2,6-二氯酚靛酚溶液滴定至淡红色,并保持 15 s 不褪色,即达终点;取10 mL 1%草酸作空白对照,按以上方法滴定。记录所用染料溶液的体积(mL),计算出 1 mL 染料溶液所能氧化抗坏血酸的量(mg)。

3.样品滴定

准确吸取滤液两份,每份 10 mL,分别放入 2 个锥形瓶内,另取 10 mL 1%草酸作空白对照滴定;按上面的操作滴定并记录所用染料溶液的体积(mL)。

五、实验结果、计算与分析

取两份样品滴定所用染料体积平均值,代入下式计算 100 g 样品中还原型抗坏血酸的含量。

$$维生素 C 含量(mg/100 g 样品) = \frac{(V_A - V_B) \times C \times m_T}{V \times m} \times 100$$

式中,V_A 为滴定样品所耗用的染料的平均用量,mL;V_B 为滴定空白对照所耗用的染料的平均用量,mL;C 为样品提取液的总体积,mL;V 为滴定时所取的样品提取液体积,mL;m_T 为 1 mL 染料能氧化抗坏血酸质量,mg(由操作 2 计算出);m 为待测样品的质量,g。

六、思考题

(1)为了测得准确的维生素 C 含量,实验过程中都应注意哪些操作步骤?为什么?

(2)测定抗坏血酸的基本原理是什么？

七、注意事项

(1)某些水果、蔬菜(如橘子、西红柿等)浆状物泡沫太多,可加数滴丁醇或辛醇。尽量除去皮、核等部分,保留可食用的部分。

(2)将果蔬组织彻底粉碎,使组织中的维生素 C 充分溶解出来,以免造成所测定出的维生素 C 含量与实际含量有较大误差。因此,建议使用多功能食物粉碎机粉碎果蔬组织。蒸馏水用来冲洗粉碎机内残存的果蔬组织,以减少组织提取液的损失。

(3)整个操作过程要迅速,防止还原型抗坏血酸被氧化。滴定过程一般不超过 2 min。滴定所用的染料不应小于 1 mL 或多于 4 mL,如果样品含维生素 C 太高或太低时,可酌情增减样液用量或改变提取液稀释倍数。

(4)标准维生素 C 溶液和被检测的果蔬组织提取液的 pH,必须调至 3 左右,以保持溶液的酸性环境,防止维生素 C 被破坏。在此条件下,干扰物反应进行得很慢。

(5)2％草酸有抑制抗坏血酸氧化酶的作用,而 1％草酸无此作用。

(6)干扰滴定因素有:

①若提取液中色素很多时,滴定不易看出颜色变化,可用白陶土脱色,或加 1 mL 氯仿,到达终点时,氯仿层呈现淡红色。

②Fe^{2+} 可还原二氯酚靛酚。对含有大量 Fe^{2+} 的样品用 8％乙酸溶液代替草酸溶液提取,此时 Fe^{2+} 不会很快与染料起作用。

③样品中可能有其他杂质还原二氯酚靛酚,但反应速度均较抗坏血酸慢,因而滴定开始时,染料要迅速加入,而后尽可能一点一点地加入,并要不断地摇动三角瓶直至呈粉红色,于 15 s 内不消退为终点。

第四章 糖、脂类及代谢实验

实验一 发酵过程中无机磷的利用

一、实验目的

(1)了解 ATP 生物合成的意义。

(2)掌握无机磷的测定方法。

(3)掌握 DEAE-纤维素薄板层析分离鉴定 ATP。

二、实验原理

在适当的条件下,酿酒酵母在发酵过程中分解发酵液中的葡萄糖,释放出能量。同时还利用无机磷使 AMP 转变成 ATP,一部分能量即储存于 ATP 分子中。因此,随着发酵时间的增长,无机磷含量降低,ATP 含量上升。测定无机磷的方法:无机磷和钼酸反应形成磷钼酸络合物,后者再与还原剂反应,生成钼蓝,在 A_{650} 有吸收峰。

DEAE-纤维素即二乙氨基乙基纤维素,它是弱碱性阴离子交换剂之一,在 pH 3.5 左右叔氨基解离成季氨基,带负电荷的核酸离子可被交换上去。各种核苷酸的结构不同,因此与 DEAE-纤维素亲和力的大小不同,以此达到分离的目的。此法具有快速、灵敏的特点。

三、试剂与仪器、耗材

1. 试剂

(1)2% 三氯乙酸溶液:取 2 g 三氯乙酸,溶于 100 mL 蒸馏水中。

(2)3 mol/L 硫酸-2.5% 钼酸铵(体积比为 1:1)。

(3)α-1,2,4 氨基萘酚磺酸钠溶液:0.25 g α-1,2,4 氨基萘酚磺酸,加 15 g NaHSO₃ 及 0.5 g Na₂SO₃ 用蒸馏水定容 100 mL,用前稀释 3 倍。

(4)6 mol/L KOH。

(5)KH_2PO_4,K_2HPO_4,酵母,$MgCl_2$,葡萄糖,AMP。

(6)ATP:临用前配,50 mg ATP用蒸馏水溶解,定容至5 mL。

2.仪器耗材

分光光度计、比色皿、恒温水浴锅、台式低速离心机、紫外分析仪、烘箱(60℃)或吹风机(冷/热风)、玻璃板(5.5 cm×15 cm)、毛细管、坐标纸、铅笔、直尺。

四、实验方法

(1)准备4支洁净试管,编号1～4,各加入2.5 mL 三氯乙酸。

(2)发酵。称取0.5 g KH_2PO_4、2.9 g K_2HPO_4、0.08 g $MgCl_2$、2.5 g 葡萄糖、0.5 g AMP,用50 mL 蒸馏水溶解,再称取25 g 酵母研成粉后和上述溶液混合,并加蒸馏水至100 mL,混匀后转移至250 mL 烧杯中,并立即取样0.3 mL 加入试管1中混匀,并将烧杯立即置入37℃水浴。

(3)发酵液处理。以后每隔30 min 将烧杯摇匀后,取一次样(0.3 mL),分别加入试管2、3、4中混匀,将试管1～4液体过滤或离心得到的上清1～4用作测定无机磷及ATP含量。

(4)无机磷的测定。

①按表4-1加样,混匀。

表 4-1　无机磷的测定实验的试剂用量

发酵时间 /min	上清液 /mL	蒸馏水 /mL	钼酸铵-硫酸 混合液/mL	α-1,2,4-氨基萘 酚磺酸钠溶液/mL
0	0.1(上清1)	2.9	2.5	0.5
30	0.1(上清2)	2.9	2.5	0.5
60	0.1(上清3)	2.9	2.5	0.5
90	0.1(上清4)	2.9	2.5	0.5
空白	0	3.0	2.5	0.5

②37℃水浴保温10 min 后冷却至室温,分别测定 A_{650}。

(5)DEAE-纤维素层析测定ATP。方法见第五章实验一,分离得到的上清液,分别用毛细管点样,每次点样后要用吹风机的冷风吹干,每份样品点样2～3次。

五、实验结果、计算与分析

本试验不用计算无机磷的绝对量,故不用做标准曲线。A_{650} 下降即无机磷下降,随着发酵时间增加,无机磷消耗也增加,而 ATP 增加,当 A_{650} 下降至比初磷小 0.2 单位时,发酵液中即有较多的 ATP。

六、思考题

(1)本实验是否需要作无机磷的标准曲线?
(2)薄层层析的优点是什么?

实验二　总糖和还原糖的测定

内容一　3,5-二硝基水杨酸法

一、实验目的

(1)掌握还原糖和总糖的测定原理。
(2)学习用比色法测定还原糖的方法。

二、实验原理

在 NaOH 和丙三醇存在下,3,5-二硝基水杨酸(DNS)与还原糖共热后被还原生成氨基化合物。在过量的 NaOH 碱性溶液中,此化合物呈橘红色,在 540 nm 波长处有最大吸收,在一定的浓度范围内,还原糖的量与光吸收值呈线性关系,利用比色法可测定样品中的含糖量。

3,5-二硝基水杨酸　　　　　　3-氨基-5-硝基水杨酸
（黄色）　　　　　　　　　　（橘红色）

三、试剂与仪器、耗材

1. 试剂

(1)3,5-二硝基水杨酸(DNS)试剂:称取 6.5 g DNS 溶于少量热蒸馏水中,溶解后移入 1 000 mL 容量瓶中,加入 2 mol/L 氢氧化钠溶液 325 mL,再加入 45 g 丙三醇,摇匀,冷却后定容至 1 000 mL。

(2)葡萄糖标准溶液:准确称取干燥恒重的葡萄糖 200 mg,加少量蒸馏水溶解后,以蒸馏水定容至 100 mL,即含葡萄糖为 2.0 mg/mL。

(3)6 mol/L HCl:取 250 mL 浓 HCl(35%~38%)用蒸馏水稀释到 500 mL。

(4)碘-碘化钾溶液:称取 5 g 碘,10 g 碘化钾溶于 100 mL 蒸馏水中。

(5)6 mol/L NaOH:称取 120 g NaOH 溶于 500 mL 蒸馏水中。

(6)0.1% 酚酞指示剂。

2. 仪器、耗材

分光光度计、电子天平、恒温水浴锅、电磁炉、微量移液器、玻璃烧杯、白瓷板、玻璃试管若干、记号笔、比色皿、擦镜纸、坐标纸、玻璃搅棒、容量瓶、锥形瓶、胶头滴管。

四、实验方法

1. 葡萄糖标准曲线的制作

取 6 支试管,按表 4-2 加入 2.0 mg/mL 葡萄糖标准溶液和蒸馏水。

表 4-2 葡萄糖标准曲线的制作

管号	葡萄糖标准溶液/mL	蒸馏水/mL	葡萄糖/(mg/mL)	A_{540}
0	0	1	0	
1	0.2	0.8	0.4	
2	0.4	0.6	0.8	
3	0.6	0.4	1.2	
4	0.8	0.2	1.6	
5	1	0	2	

在上述试管中分别加入 DNS 试剂 2.0 mL,摇匀于沸水浴中加热 2 min 进行显色,取出后用流动水迅速冷却,各加入蒸馏水 9.0 mL,摇匀,在 540 nm 波长处

测定光吸收值。以 1.0 mL 蒸馏水代替葡萄糖标准溶液按同样显色操作为空白调零点。以葡萄糖含量(mg)为横坐标,光吸收值为纵坐标,绘制标准曲线。

2.样品中还原糖的提取

准确称取 0.5 g 小麦(玉米)淀粉,放在 100 mL 烧杯中,先以少量蒸馏水(约 2 mL)调成糊状,然后加入 40 mL 蒸馏水,摇匀,于 50℃ 恒温水浴中保温 20 min,不时搅拌,使还原糖浸出。过滤,将滤液全部收集在 50 mL 的容量瓶中,用蒸馏水定容至刻度,即为还原糖提取液。

3.样品总糖的水解及提取

称取 0.2 g 小麦淀粉,倒入 25 mL 刻度试管中。加入 4 mL 6 mol/L 盐酸和 6 mL 蒸馏水,摇匀。于沸水浴中加热 5 min,其间,需要不断的摇匀或搅拌溶液。取出 1~2 滴置于白瓷板上,加 1 滴碘-碘化钾溶液检测水解是否完全。如水解完全,则不呈现蓝色。如水解不完全则继续加热,直至淀粉水解液遇碘液不变蓝色。水解完毕后,用流动水冷却至室温,加入 2~3 滴酚酞指示剂,并在 25 mL 刻度试管内加入约 4 mL 左右 6 mol/L 氢氧化钠溶液中和至溶液呈微红色,并用蒸馏水定容至 25 mL,即为总糖水解液。取 0.8 mL 总糖水解液转移至新的 1 支 25 mL 刻度试管中,加蒸馏水定容至 2 mL,即为稀释的总糖水解液,用于总糖测定。

4.样品中含糖量的测定

取 5 支 15 mm×180 mm 试管,分别按表 4-3 加入试剂。

表 4-3　样品中含糖量的测定试剂的加入量

项　目	空白	还原糖管号		总糖管号	
		1	2	3	4
H_2O/mL	1	0	0	0	0
样品溶液/mL	0	1	1	1	1
3,5-二硝基水杨酸试剂/mL	2	2	2	2	2
A_{540}					

加完试剂后,于沸水浴中加热 2 min 进行显色,取出后用流动水迅速冷却,各加入蒸馏水 9.0 mL,摇匀,在 540 nm 波长处测定光吸收值。测定后,取样品的光吸收平均值在标准曲线上查出相应的糖量。

五、实验结果、计算与分析

按下式计算出样品中还原糖和总糖的百分含量：

$$还原糖（以葡萄糖计）= \frac{C \times V}{m \times 1\,000} \times 100\%$$

$$总糖（以葡萄糖计）= \frac{C \times V}{m \times 1\,000} \times 稀释倍数 \times 0.9 \times 100\%$$

式中，C 为还原糖或总糖提取液的浓度，mg/mL；V 为还原糖或总糖提取液的总体积，mL；m 为样品质量，g；1 000 为 mg 换算成 g 的系数。

六、思考题

（1）比色时为什么要设计空白管？

（2）为什么说总糖的测定通常是以还原糖的测定方法为基础？

内容二　蒽酮比色法

一、实验目的

掌握蒽酮比色法测定总糖和还原糖含量的原理和方法。

二、实验原理

游离的己糖或多糖中的己糖基、戊糖醛及己糖醛酸在浓硫酸的作用下脱水生成糠醛衍生物，糠醛衍生物与蒽酮缩合成蓝色的化合物，在 620 nm 处有最大吸收，在一定糖浓度范围内（200 μg/mL），溶液吸光度值与糖溶液的浓度呈线性关系。用酸将植物组织中没有还原性的多糖和寡糖彻底水解成具有还原性的单糖，或直接提取植物组织中的还原糖，即可对植物组织中的总糖和还原糖进行定量测定。

三、试剂与仪器、耗材

1. 试剂

（1）蒽酮试剂：取 2 g 蒽酮溶于 1 000 mL 体积分数为 80% 的硫酸中，当日配制使用。

（2）标准葡萄糖溶液（0.1 mg/mL）：称取 100 mg 葡萄糖，溶于蒸馏水并稀释至 1 000 mL（可滴加几滴甲苯作防腐剂）。

(3)6 mol/L HCl 溶液:50 mL HCl,加水至 100 mL。

(4)10％NaOH 溶液:称取 10 g NaOH 固体,溶于蒸馏水并稀释至 100 mL。

2.仪器耗材

分光光度计、电子天平、粉碎机、恒温水浴锅、电磁炉、研钵、量筒、锥形瓶、烧杯、容量瓶、玻璃漏斗、试管 1.5 cm×15 cm、刻度吸管、胶头滴管、pH 试纸、坐标纸。

四、实验方法

1.葡萄糖标准曲线的绘制

取 6 支干净的试管,按表 4-4 进行操作。以吸光度为纵坐标,各标准溶液浓度(mg/mL)为横坐标作图。

2.样品中还原糖的提取和测定

称取植物原料干粉 0.1～0.5 g,加水约 3 mL,在研钵中磨成匀浆,转入锥形瓶中,并用约 12 mL 的蒸馏水冲洗研钵 2～3 次,洗出液也转入锥形瓶中。于 50℃水浴中保温半小时(使还原糖浸出),取出,冷却后定容至 100 mL。过滤,取 1 mL 滤液进行还原糖的测定:吸取 1 mL 总糖样品溶液置试管 7 中(表 4-4),浸于冰浴中冷却,再加入 4 mL 蒽酮试剂,沸水浴中准确加热 10 min,取出用自来水冷却后比色,其他条件与做标准曲线相同,测得的吸光度值由标准曲线查算出样品液的糖含量。样品液显色后若颜色很深,其吸光度超过标准曲线浓度范围,则应将样品提取液适当稀释后再加蒽酮显色测定。

表 4-4　葡萄糖标准曲线的制作及样品测定参考表

试　剂	管　号						7(样品)	8(样品)
	1	2	3	4	5	6		
标准葡萄糖溶液/mL	0	0.2	0.4	0.6	0.8	1.0	还原糖	总糖
蒸馏水/mL	1.0	0.8	0.6	0.4	0.2			
样品液/mL	—						1.0	1.0
糖溶液浓度/(mg/mL)	0	0.02	0.04	0.06	0.08	0.10	待测	待测
置冰水浴中冷却 5 min								
蒽酮试剂/mL	4.0	4.0	4.0	4.0	4.0	4.0	4.0	4.0
沸水浴中准确加热 10 min,取出,用自来水冷却,室温放置 10 min								
A_{620}								

3.样品中总糖的提取、水解和测定

称取植物原料干粉0.1～0.5 g,加水约3 mL,在研钵中磨成匀浆,转入三角烧瓶中,并用约12 mL的蒸馏水冲洗研钵2～3次,洗出液也转入三角烧瓶中。再向三角烧瓶中加入6 mol/L HCl 10 mL,搅拌均匀后在沸水浴中水解0.5 h,冷却后用10% NaOH溶液中和pH呈中性。然后用蒸馏水定容至100 mL,过滤,取滤液10 mL,用蒸馏水定容100 mL,成稀释1 000倍的总糖水解液。取1 mL总糖水解液,测定其还原糖的含量:吸取1 mL总糖水解液置试管8中(表4-4),浸于冰浴中冷却,再加入4 mL蒽酮试剂,沸水浴中准确加热10 min,取出用自来水冷却后比色,其他条件与做标准曲线相同,测得的吸光度值由标准曲线查算出样品液的糖含量。

五、实验结果、计算与分析

按照下列公式分别计算植物原料干粉中还原糖和总糖的质量分数(ω)。

$$\omega(还原糖)=(C_1 V_1/m)\times 100\%$$
$$\omega(总糖)=(C_2 V_2/m)\times 0.9^{①}\times 100\%$$

式中,ω(还原糖)为还原糖的质量分数,%;ω(总糖)为总糖的质量分数,%;C_1为还原糖的质量浓度,mg/mL;C_2为水解后还原糖的质量浓度,mg/mL;V_1为样品中还原糖提取液的体积,mL;V_2为样品中总糖提取液的体积,mL;m为样品质量,mg。

注①:计算总糖含量的公式,在测定干扰杂质很少、还原糖含量相对总糖含量很少时适用,乘0.9是为了从测定出的总糖水解成的单糖量中,扣除水解时所消耗的水量。

六、思考题

加入蒽酮试剂时为什么盛有样品的试管必须浸入冰水中冷却?

实验三　可溶性糖的分离提取与薄层层析鉴定

一、实验目的

(1)学习提取植物材料中可溶性糖的一般方法,了解吸附薄层层析的原理。
(2)掌握硅胶G薄层层析的基本技术及其在可溶性糖分离鉴定中的应用。

二、实验原理

植物组织中的可溶性糖可用一定浓度的乙醇提取出来,经除去杂质,即可获得较纯的可溶性糖混合物。

薄层层析是层析法的一种。层析法是利用被分离样品混合物中各组分的物理、化学差别,使各组分以不同程度分布在两个相中,这两个相通常是一个被固定在一定的支持物上,称为固定相,另一个是移动的,称为流动相;当流动相流过固定相时,在移动过程中由于各组分在两相中的分配情况不同,或吸附性质不同,或电荷分布不同,或离子亲和力不同等,而以不同速度前进,从而达到分离的目的。

薄层层析是一种快速而微量的层析方法,它是将一种固定支持物均匀地涂在薄板上,对物质进行层析的方法,本实验只讨论吸附薄层层析,即所有支持物是吸附剂(如硅胶粉),层析时,主要是根据吸附剂对样品中各组分的吸附能力不同,因此各组分的移动速度不同,从而达到分离混合物的目的。

糖为多羟基化合物,具有较强的极性,在硅胶 G 薄板上展层时,糖与硅胶分子有一定的吸附力。硅胶分子与糖的吸附能力大小取决于糖的分子质量和羟基数目,不同的糖分子由于分子质量及羟基数的不同,使它与硅胶分子间的吸附力不同。造成各种糖分子在展层过程中移动的距离不同,从而将各种糖分离出来,一般吸附力的大小为:三糖＞双糖＞己糖＞戊糖。其中各种糖移动的速率可用 R_f 值表示。通过与标准糖的 R_f 值比较,即可鉴定出植物组织提取液中糖的种类。

溶质斑点中心到样点的距离:

$$R_f = \frac{\text{原点至斑点中心的距离}}{\text{原点至展开剂前沿的距离}}$$

三、试剂与仪器、耗材

1. 试剂

(1)展开剂:氯仿∶冰醋酸∶水＝18∶1∶3(用前临时配制)。

(2)1％ 标准糖溶液(10 mg/mL):木糖、葡萄糖、果糖、蔗糖等。

(3)显色剂:称取 2.0 g 二苯胺于烧杯中,依次加入 2 mL 苯胺、10 mL 85％磷酸、1 mL 浓盐酸,然后用 100 mL 丙酮溶解混匀。

(4)0.1 mol/L 硼酸(H_3BO_3)溶液。

(5)10％ 中性醋酸铅溶液:称取 100 g 醋酸铅溶于 1 L 蒸馏水中,过滤。注意:醋酸铅有毒,操作时需进行防护。

（6）0.3 mol/L 磷酸二氢钠溶液：称取 46.8 g 磷酸二氢钠（分子质量：156.01）溶于 1 L 蒸馏水中。

2.仪器耗材

离心机及离心管、电子天平、恒温水浴锅、层析缸、烘箱、研钵、量筒（25 mL）、移液管（10 mL）、毛细管、吹风机、喷雾器、烧杯、铅笔、尺子、硅胶 GF254 薄层层析板或玻璃板（15 cm×7 cm）。

四、实验方法

1.硅胶 G 薄板的制备

制板用的玻璃板应平整光滑，预先用洗液或其他洗涤剂洗净，干燥后备用。称取硅胶 G 粉 3 g，加 0.1 mol/L 的硼酸溶液 9 mL，于研钵中充分研磨，待硅胶变稠，发出如脂肪光泽时，倾入涂布器中，均匀涂布在玻璃板上，可铺 7 cm×15 cm 薄板 1 块。铺层后的薄板置于 100℃烘箱中烘干，取出后放在干燥器中备用。也可在室温下自然干燥 24 h，用前放入 110℃烘箱中活化 30 min（如果是硅胶板，可以将硅胶板置于 110℃烘干箱中，活化 30 min）。

2.样品提取液的制备

取洗净的苹果（或其他水果）削去果皮，称 10 g 果肉在研钵中研成匀浆后，用 20 mL 的 95％乙醇分数次洗入大离心管中，浸提 30 min，3 000 r/min 离心 10 min，上清液倒入另一个大离心管中，残渣用 5 mL 80％的乙醇再次浸提 10 min，离心，合并上清液。把盛上清液的离心管放入 70℃水浴中预热，趁热逐滴加入 10％ 中性醋酸铅溶液，以沉淀蛋白质。然后滴加饱和硫酸钠溶液，沉淀过剩的铅，3 000 r/min 离心 10 min。把上清液转移至蒸发皿，在 70℃水浴蒸干，加蒸馏水 2 mL 溶解析出物质，即得样品提取液。如果通过预实验发现乙醇提取液中蛋白含量不高，也可省略去除蛋白步骤。

3.点样

取活化后的硅胶 G 板一块，距底边 2 cm 水平线上确定 5 个点，相互间隔 1 cm，其中 4 个点分别点上 5％的木糖、葡萄糖、果糖、蔗糖标准溶液数滴，另一点点提取液数滴。

用内径约 1 mm 管口平整的毛细管吸取糖溶液，轻轻接触薄层表面，每次加样后原点扩散直径不应超过 2～3 mm，用吹风机冷风吹干，重复滴加几次（图 4-1）。点样是薄层层析中的关键步骤，适当的点样量和集中的原点，是获得良好色谱的必要条件。点样量太少时，样品中含量少的成分不易检出；点样量过多时，易拖尾或扩散,影响分离效果。糖的硅胶 G 薄层层析点样量一般不宜超过 5 μg。点样完毕使斑点干燥即可展层。

4.展层

根据样品的极性及其与展层剂的亲和力选择适当的展层剂。本实验选用氯仿：冰乙酸：水＝18：1：3 为展层剂,用前临时配制,展层在密闭器皿中进行。为了消除边缘效应,可在层析缸内贴上浸透展层剂的滤纸条,以加速缸内蒸汽的饱和。将薄板点有样品的一端浸入展层剂,注意切勿使样品原点浸入溶剂,盖好层析缸盖,上行展层(图 4-2)。当展层剂前沿离薄板顶端 1～2 cm 时,即可停止展层,取出放在室内自然干燥或用吹风机吹干。

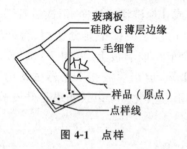

图 4-1　点样

图 4-2　薄层层析装置

5.显色

把一块薄板放在通风橱内,采用苯胺-二苯胺-磷酸显色剂丙酮溶液喷雾法显色,然后于 85℃烘箱中烘 10～30 min,各种糖即显示出不同色斑通过与标准糖比较(表 4-5),即可根据斑点颜色及 R_f 值鉴定出苹果提取液中所存在的可溶性糖的种类。

表 4-5　显色剂处理后不同单糖显现的颜色

单糖	颜色
葡萄糖	蓝紫
半乳糖	蓝紫
果糖	橙红
木糖	蓝绿
鼠李糖	绿

五、实验结果、计算与分析

精确量出原点至溶剂前沿,以及各斑点中心的距离,计算出它们的 R_f 值。根据标准糖的颜色和 R_f 值,鉴定出样品中糖的种类,并绘出层析图谱。

$$R_f = \frac{原点至斑点中心的距离}{原点至展开剂前沿的距离}$$

六、思考题

(1)硅胶 G 薄层层析实验中引起样品点拖尾的因素有哪些?

(2)当固定相选定后,为使被分离物质达到理想的分离效果,选择展层剂的原则是什么?

七、注意事项

(1)点样时,要注意点样点不能太大,操作时,应待第一次点样风干后,再在原点样点上继续点样,为少量多次点样。每个点样点不宜距离太近,点样点不宜靠近硅胶板边缘,注意边缘效应。

(2)放置硅胶板时,不能碰着层析缸的内壁。

(3)在用多元系统进行展层时,其中极性较弱的和沸点较低的溶剂(如氯仿-甲醇系统中的氯仿)在薄层板的两边易挥发,因此,它们在薄层两边的浓度比在中部的浓度小,也就是说在薄层的两边比中部含有更多的极性较大或沸点较高的溶剂,于是位于薄层两边的 R_f 值要比中间的高,即所谓"边缘效应"。为减轻或消除边缘效应,可先将展开剂导入层析缸中,使层析缸内溶剂蒸汽的饱和程度增加。

实验四　天然产物中多糖的分离纯化与鉴定

内容一　多糖的提取、纯化

一、实验目的

了解多糖提取和纯化的一般方法。

二、实验原理

多糖类物质是除蛋白质和核酸之外的又一类重要的生物大分子。早在 20 世纪 60 年代,人们就发现多糖复杂的生物活性和功能。多糖是普遍存在于自然植物界中的由许多相同或不同的单糖以 α-或 β-糖苷键所组成的化合物,其分子质量一般为数万甚至数百万,是构成生命活动四大基本物质之一,与维持生命功能密切相关。大部分植物多糖不溶于冷水,在热水中呈黏液状,遇乙醇能沉淀。多糖具有抗氧化性、抗病毒性、反互补特性,大量药理及临床研究表明,多糖类化合物是一种免疫调节剂,它具有明显的抗补体活性和促进淋巴细胞增殖作用,能激活免疫受体,提高机体的免疫功能,在用于癌症的辅助治疗中,具有毒副作用小、安全性高、抑瘤效果好等优点。

本实验采用常规法(即水溶醇沉法)从植物组织中提取出水溶性粗多糖,对提取得到的多糖进行分离纯化,除去色素及小分子杂质,并采用 Sevag 法除蛋白。用蒽酮比色法测定多糖的含量。

多糖的纯化,就是将存在于粗多糖中的杂质去除而获得单一的多糖组分。一般是先脱除非多糖组分,再对多糖组分进行分级。常用的去除多糖中蛋白质的方法有:Sevag 法、三氟三氯乙烷法、三氯醋酸法,这些方法的原理是使多糖不沉淀而使蛋白质沉淀,其中 Sevag 方法脱蛋白效果较好,它是用氯仿:戊醇或丁醇,以 4:1 比例混合,加到样品中振摇,使样品中的蛋白质变性成不溶状态,用离心法除去。

本实验采用 Sevag 法(氯仿:正丁醇=4:1混合摇匀)进行脱蛋白,用 DEAE-纤维素层析柱进行纯化,然后合并多糖高峰部分,浓缩后透析、冻干,得多糖组分。

多糖被浓硫酸水合产生的高温迅速水解,产生单糖,并迅速脱水生成醛糖衍生物,在这种强酸条件下与苯酚反应生成橙色衍生物,该衍生物在波长 490 nm 处和一定浓度范围内,吸光度与糖浓度呈线性关系,采用比色法对多糖含量进行测定。

三、试剂与仪器、耗材

1. 试剂

(1)平衡缓冲溶液:0.01 mol/L Tris-HCl 溶液(pH=7.2)。

(2)洗脱液:A 液每升含 0.1 mol/L NaCl, 0.01 mol/L Tris-HCl pH=7.2;B 液每升含 0.5 mol/L NaCl, 0.01/L mol Tris-HCl pH=7.2。

(3)Sevag 试剂:氯仿:正丁醇=4:1。

(4)其他试剂:活性炭、硫酸、5%苯酚溶液、95%乙醇、葡萄糖、浓 H_2SO_4 等。

2. 仪器耗材

多功能粉碎机、恒温水浴锅、台式低速离心机、透析袋、层析柱(2.5 cm×

30 cm)、磁力搅拌器、分液漏斗、旋转真空蒸发仪、分光光度计、电子天平、摇床、容量瓶、具塞刻度试管、DEAE-纤维素等。

四、实验方法

1.粗多糖的提取

将香蕉皮切碎烘干后,粉碎过筛。称取 2 g,采用热水浸提法,每次原料和水之比均为 1∶10,浸提温度为 80℃,浸提时间 1.5 h,共提取 4 次,合并 4 次浸提液。用旋转蒸发仪浓缩一倍体积。对多糖提取液需进行脱色处理,即以 1％的比例加入活性炭,搅拌均匀 15 min 后过滤即可。在浓缩液中加入 3 倍体积的 95％乙醇搅拌,置冰箱 24 h,沉淀为多糖和蛋白质的混合物,此为粗多糖。它只是一种多糖的混合物,其中可能存在中性多糖、酸性多糖、单糖、低聚糖、蛋白质和无机盐,必须进一步分离纯化。

2.粗多糖的纯化

粗多糖溶液置于分液漏斗中,按照提取液体积的 1/5 量加入 Sevag 试剂,振荡 20 min,3 000 r/min 的转速下,离心 15 min,得上清液测其体积,继续加相应体积的 Sevag 试剂,并重复上述操作,直至氯仿层与正丁醇层之间无乳白色变性蛋白质析出为止。收集上清液,加足量活性炭,摇匀,恒温 30 min,过滤,得滤液备用。

3.粗多糖的透析干燥

将上述滤液倒入下端扎好的截流分子质量为 6 000～8 000 的半透膜袋中,将袋的另一端用绳扎好后,悬挂在盛有水的烧杯里,将烧杯放在磁力搅拌器上,开动搅拌,蒸馏水透析 48 h,其间每 2 h 更换一次水,经常更换清水使透析膜内溶液的浓度差加大,并加以搅拌,加快透析速度,除去无机盐、单糖、双糖等小分子杂质。加 3 倍体积 95％乙醇沉淀。沉淀放入冰箱干燥,获得白色固体粉末。

4.粗多糖的分离纯化

选取 DEAE-52 柱层析,DEAE-52 填料依次用 0.5 mol/L NaOH、0.5 mol/L HCl、0.5 mol/L NaOH 处理(每次 30 min),再以蒸馏水洗至中性后装柱,装柱后用蒸馏水平衡 48 h。将粗多糖溶于少量重蒸水(5～8 mg/mL),过柱,上样量为交换容量的 10％～20％。用水、洗脱液 A 溶液、洗脱液 B 溶液进行线性洗脱,用自动部分收集器每 15 min 收集一管,每管 5 mL 进行收集,各管用硫酸苯酚法跟踪检测多糖,合并多糖高峰部分,浓缩后蒸馏水透析 2 d,冻干,即得多糖成分。

5.多糖的测定(苯酚-硫酸法)

(1)样品溶液的制备:精密称取适量样品,用蒸馏水溶解,定容至 50 mL,即为待测样液。

(2)标准曲线的制备:精密称取 105℃ 干燥至恒重的葡萄糖标准品 1 g,置于 100 mL 容量瓶中,溶解并稀释至刻度,配成 10 mg/mL 的标准贮备液,吸上述贮备液 1 mL 定容至 100 mL,配成 0.1 mg/mL 的工作液。精密移取葡萄糖标准液 0、0.1、0.2、0.4、0.6、0.8、1.0、1.2、1.4、1.6 mL 于 25 mL 具塞刻度试管中,加蒸馏水至 2.0 mL,再各加 5% 苯酚溶液 1.0 mL 摇匀,迅速加入浓 H_2SO_4 5 mL,振摇 5 min,放置 10 min,置沸水浴中加热 20 min,取出冷却至室温,于 490 nm,以试剂空白为参比测定吸光度。

6. 样品测定

取 2 支试管各加入样品溶液 2 mL,按标准曲线制备方法操作,测定每只试管中反应液的吸光度值。从标准曲线上查得相应的多糖含量,并计算百分得率。

五、实验结果、计算与分析

粗多糖得率=[粗多糖粉末质量(g)/香蕉皮粉末质量(g)]×100%

六、思考题

热水浸提法提取多糖的最佳条件是什么? 如何提高多糖的提取率?

内容二　多糖的鉴定

一、实验目的

(1)了解薄层层析法分析单糖组分的原理和方法。
(2)了解红外光谱法鉴定多糖的原理和方法。

二、实验原理

采用薄层层析法分析单糖组分。薄层层析显色后,比较多糖水解所得单糖斑点的颜色和 R_f 值与不同单糖标样参考斑点的颜色和 R_f 值,确定样品多糖的单糖组分。

多糖的分析鉴定一般借助于气相色谱(GC)、高效液相色谱(HPLC)、红外光谱(IR)和紫外光谱(UV)等技术,而气相(液相)色谱-质谱(GC/HPLC-MS)联用技术成为分析多糖更为有效的手段。

本实验利用红外光谱对多糖进行鉴定。多糖类物质的官能团在红外谱图上表现为相应的特征吸收峰,我们可以根据其特征吸收来鉴定糖类物质。O-H 的吸收峰在 $3\,650\sim3\,590\ \text{cm}^{-1}$,C-H 的伸缩振动的吸收峰在 $2\,962\sim2\,853\ \text{cm}^{-1}$,C-O 的振动峰为 $1\,510\sim1\,670\ \text{cm}^{-1}$ 的吸收峰,C-H 的弯曲振动吸收峰为 $1\,485\sim1\,445$ cm^{-1},吡喃环结构的 C-O 的吸收峰为 $1\,090\ \text{cm}^{-1}$。

三、试剂与仪器、耗材

1. 试剂

(1)展开剂:正丁醇:乙酸乙酯:异丙醇:醋酸:水:吡啶=7:20:12:7:6:6。

(2)显色剂:1,3-二羟基萘硫酸溶液(0.2% 1,3-二羟基萘乙醇溶液):浓硫酸=1:0.04(V/V)。

(3)单糖标准品。

(4)硅胶,浓硫酸,氢氧化钡,0.3 mol/L 磷酸二氢钠溶液。

2. 仪器耗材

干燥箱、玻璃板(7.5 cm×10 cm)。

四、实验方法

1. 单糖组分分析

(1)薄层板制备:称取硅胶 5 g 于 50 mL 烧杯中,加入用 12 mL 0.3 mol/L 磷酸二氢钠水溶液,用玻璃棒慢慢搅拌至硅胶分散均匀,铺在玻璃板上(7.5 cm× 10 cm),110℃活化 1 h。即置有干燥剂的干燥箱中备用。

(2)点样:称取少许的多糖(0.1 g)于 2.0 mL 离心管中,加入 1 mol/L 的硫酸 1 mL,沸水浴水解 2 h,然后加氢氧化钡中和至中性,过滤除去硫酸钡沉淀,得多糖水解澄清液。以此水解液和单糖标准品进行点样进行薄层层析展开。用点样器点样于薄层板上,一般为圆点,点样基线距底边 2.0 cm,点样直径为 2~4 mm,点间距离约为 1.5~2.0 cm,点间距离可视斑点扩散情况以不影响检出为宜。点样时必须注意勿损伤薄层表面。

(3)展开:展开室预先用展开剂饱和,将点好样品的薄层板放入展开室的展开剂中,浸入展开剂的深度为距薄层板底边 0.5~1.0 cm(切勿将样点浸入展开剂中),密封室盖,等展开至规定距离(一般为 10~15 cm),取出薄层板,晾干。

（4）显色：将展开晾干后的薄板再在 100℃烘箱内烘烤 30 min,将显色剂均匀地喷洒在薄板上,此板在 110℃下烘烤 10 min 即可显色。

薄层显色后,将样品图谱与标准样图谱进行比较,参考斑点颜色、相对位置及 R_f 值,确定样品中有哪几种糖。

2.红外光谱在多糖分析上的应用

将冻干后的样品用 KBr 压片,在 4 000～400 cm^{-1} 区间内进行红外光谱扫描,有多糖特征吸收峰：3 401 cm^{-1}（O-H）,2 919 cm^{-1}（C-H）,1 381 cm^{-1} 及 1 076 cm^{-1}（C-O）。在 900 cm^{-1} 处的吸收峰说明该多糖以 β-糖苷键连接。在 N-N 变角振动区 1 650～1 550 cm^{-1} 处有明显的蛋白质吸收峰,表明该样品是多糖蛋白质复合物。

五、实验结果、计算与分析

参考本章实验三,分析样品中含有哪几种糖。

六、思考题

（1）薄层层析法分析时有哪些因素影响样品迁移率?
（2）用一种薄层层析可以分析所有的糖类吗?

实验五　脂类的测定

内容一　索氏抽提法测定粗脂肪含量

一、实验目的

掌握索氏抽提法测定粗脂肪含量的原理和操作方法。

二、实验原理

脂肪广泛存在于许多植物的种子和果实中,测定脂肪的含量,可以作为鉴别其品质优劣的一个指标。脂肪含量的测定有很多方法,如抽提法、酸水解法、比重法、折射法、电测和核磁共振法等。目前国内外普遍采用抽提法,其中索氏抽提法（Soxhlet extractor method）是公认的经典方法,也是我国粮油分析首选的标准方法。

　　本实验采用索氏抽提法中的残余法,即用低沸点有机溶剂(乙醚或石油醚)回流抽提,除去样品中的粗脂肪,以样品与残渣重量之差,计算粗脂肪含量。由于有机溶剂的抽提物中除脂肪外,还或多或少含有游离脂肪酸、甾醇、磷脂、蜡及色素等类脂物质,因而抽提法测定的结果只能是粗脂肪。

　　索氏提取器由浸提管、提取瓶和冷凝器三部分组成(图4-3)。提取时,将待测样品包在脱脂滤纸内,放在浸提管内。无水乙醚(或石油醚)盛于提取瓶中,加热后无水乙醚蒸汽经通气管至冷凝管,冷凝之后滴入浸提管,浸提样品。当浸提管内溶剂达到一定高度,溶剂及溶于溶剂中的粗脂肪即经虹吸管流入提取瓶中。流入提取瓶中的溶剂由于受热气化,气体至冷凝管又冷凝而滴入浸提管内,如此反复提取回流,即将样品中的粗脂肪提尽并带到提取瓶中。最后,将提取瓶内溶剂蒸干,提取瓶增加的重量即是样品中粗脂肪的含量。

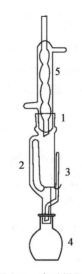

图 4-3　索氏提取器
1.浸提管　2.通气管　3.虹吸管
4.提取瓶　5.冷凝器

三、试剂与仪器、耗材

1. 试剂与材料

(1)无水乙醚或低沸点石油醚(A.R.)。

(2)油料作物种子。

2. 仪器与耗材

索氏脂肪抽提器、干燥器(直径 15~18 cm,盛变色硅胶)、不锈钢镊子(长20 cm)、研钵、分析天平(感量 0.001 g)、脱脂滤纸、恒温水浴锅、烘箱。

四、实验方法

1. 包装和干燥

将样品在 80℃烘箱内烘去水分,冷却后准确称取 2 g,放入研钵研碎,研磨后的研钵应用滤纸擦净,将样品及擦净研钵的滤纸一并用脱脂滤纸包扎好,勿使样品露出。将装有样品的滤纸包用长镊子放入浸提管中。

2.抽提

洗净提取瓶,于105℃烘干至恒重,记录其质量。装入无水乙醚(或石油醚)至提取瓶溶剂的一半,连接索氏提取器各部分,接口处不能漏气(不能用凡士林或真空脂)。提取瓶浸在60~70℃的恒温水浴锅内加热,开始循环抽提(2~3 h)。抽提完毕后,用长镊子取出滤纸包,在通风处使乙醚挥发(抽提室温以12~25℃为宜)。

3.无水乙醚(或石油醚)回收

取出滤纸包后继续加热蒸馏,当浸提管中的溶剂液面尚未达到虹吸管的最高处时,倒出溶剂(回收),如此操作,直至将瓶中的溶剂蒸完。

五、实验结果、计算与分析

将提取瓶中的溶剂蒸干后,取下提取瓶,洗净外瓶,置于105℃烘箱中干燥至恒重,冷却后称重。

$$粗脂肪含量 = (m_1 - m_0)/m \times 100\%$$

式中,m_1 为提取瓶及瓶中脂肪酸质量,g;m_0 为提取瓶的质量,g;m 为样品质量,g。

六、思考题

1.测定过程中为什么要对样品、抽提器进行脱水处理?
2.索氏提取器磨口连接部分为什么不能涂抹凡士林?

七、注意事项

(1)测定用样品、抽提器、抽提用有机溶剂都需要进行脱水处理。

(2)试样粗细度要适宜。试样粉末过粗,脂肪不易抽提干净;试样粉末过细,则有可能透过滤纸孔隙随回流溶剂流失,影响测定结果。

(3)索氏抽提法测定脂肪最大的不足是耗时过长,如能将样品先回流1~2次,然后浸泡在溶剂中过夜,次日再继续抽提,则可明显缩短抽提时间。

(4)必须十分注意乙醚的安全使用。抽提室内严禁有明火存在或用明火加热。乙醚中不得含有过氧化物,保持抽提室内良好通风,以防燃爆。

内容二　脂肪酸含量测定

一、实验目的

(1)了解气相色谱法测食用油脂肪酸组成的原理。

(2)掌握样品的前处理方法。

(3)学习食用油脂中脂肪酸组分的色谱分析技术。

二、实验原理

本实验甲酯化方法采用国标(GB/T 17376—2008)。甘油酯皂化后释出的脂肪酸在三氟化硼存在下进行酯化,萃取得到脂肪酸甲酯用于气相色谱分析。样品中的脂肪酸甘油酯经过适当的前处理(甲酯化)后进样,样品在汽化室被汽化,在一定的温度下汽化的样品随载气通过色谱柱,由于样品中各组分与固定相间相互作用的强弱不同而被逐一分离,分离后的组分到达检测器时经检测口的相应处理(如FID的火焰离子化)产生可检测的信号。根据色谱峰的保留时间定性,用归一法确定不同脂肪酸的百分含量。

三、试剂与仪器、耗材

1. 试剂与材料

(1)正己烷(沸程 60~90℃或 30~60℃,熏蒸)。

(2)0.4 mol/L KOH-甲醇溶液:称 2.24 g 氢氧化钾溶于少许甲醇中,然后用甲醇稀释到 100 mL。

(3)13%~15% BF_3-甲醇溶液。

(4)饱和食盐水。

(5)市售大豆油。

2. 仪器耗材

气相色谱仪(具氢火焰离子化检测器 FID)、恒温水浴锅、移液管、胶头滴管、小圆底烧瓶、冷凝管、样品瓶。

四、实验方法

1. 样品预处理

甲酯化:取 2~4 滴大豆油样品于圆底烧瓶中,加入 3 mL 的 KOH-甲醇溶液,

70℃水浴加热回流 5 min,取出冷却至室温(可用水冷);加入 5 mL BF₃-甲醇溶液,70℃水浴加热回流 5 min,取出冷却至室温;加入 3 mL 正己烷,70℃水浴加热回流 5 min,取出冷却至室温;加入适量饱和食盐水,溶液静止 3~5 min,取上层油样 1 mL 于样品瓶中进行气相色谱分析。

2.测定

(1)气相色谱条件。

①色谱柱。石英弹性毛细管柱,0.25 mm(内径)×60 m。

②程序升温。150℃保持 3 min,5℃/min 升温至 220℃,保持 10 min。进样口温度 250℃,检测器温度 300℃。

③气体流速。氮气 40 mL/min,氢气 40 mL/min,空气 450 mL/min,分流比 30∶1。

④柱前压 25 kPa。

(2)色谱分析。自动进样,吸取 1 μL 试样液注入气相色谱仪,记录色谱峰的保留时间和峰高。

五、实验结果、计算与分析

利用标准图谱确定每个色谱峰的性质(定性),利用软件自带的自动积分方法计算各脂肪酸组分的百分含量。

六、思考题

检测某一样品脂肪酸组成常用的分离、分析方法有哪些?

七、注意事项

(1)本法检测灵敏度高,在分析时应注意防止由于色谱柱中高沸点固定液、样品净化不完全及载气不纯等带来的污染使其灵敏度下降。

(2)本方法采用极性色谱柱,样品处理时应尽力保证脱水彻底。

(3)本实验采用自动进样序列采集工作站,在序列运行之后不再允许更改序列采集方法,所以在运行某一序列之前应确认程序编辑无误。

(4)为了保护毛细管柱一定要确认升温程序在该型号色谱柱的温度允许范围内。

内容三　血清甘油三酯简易测定

一、实验目的

了解并掌握测定血清甘油三酯的简易测定法。

二、实验原理

血清中的甘油三酯经正庚烷-异丙醇混合溶剂抽提后,用 KOH 溶液皂化,并进一步用过碘酸钠试剂氧化甘油生成甲醛,甲醛与乙酰丙酮试剂反应形成二氢二甲基吡啶黄色衍生物,可用比色法测定。

三、试剂与仪器、耗材

1. 试剂

(1)抽提液:正庚烷与异丙醇体积比为 2∶3.5。

(2)0.04 mol/L 硫酸溶液。

(3)异丙醇。

(4)皂化试剂:6.0 g KOH 溶于 60 mL 蒸馏水中,再加异丙醇 40 mL,混匀,置于棕色瓶中室温保存。

(5)氧化试剂:0.065 g 过碘酸钠溶于 10 mL 蒸馏水,加入 7.7 g 醋酸铵,溶解后再加入 6 mL 冰醋酸,加水至 100 mL 置于棕色瓶中室温保存。

(6)乙酰丙酮试剂:0.4 mL 乙酰丙酮加蒸馏水稀释至 1 000 mL,置于棕色瓶中室温保存。

(7)甘油三酯标准液:称取甘油三酯 1.0 g 于 100 mL 容量瓶中,加抽提液至刻度,成 10 mg/mL 贮备标准液。使用时再稀释 10 倍,即得到浓度 1 mg/mL 应用液,冰箱保存。

2. 仪器耗材

分光光度计、试管 1.5 cm×15 cm 6 支、吸管、水浴锅。

四、实验方法

1. 抽提

取 3 支小试管依次编号 1(空白)、2(标准)、3(样品),按表 4-6 加入以下试剂。

表 4-6　　　　　　　　　　　　　　　　mL

试　剂	管　号		
	1(空白)	2(标准)	3(样品)
血清	—	—	1.0
标准液	—	1.0	—
蒸馏水	1.0	—	—
抽提液	1.0	1.0	1.0
0.04 mol/L H_2SO_4	0.3	0.3	0.3

边加边摇,加完剧烈振荡 15 s,然后静置分层。

2.皂化反应

取 3 支同样编号的试管加入对应的上层液 1.0 mL,各管均加异丙醇 1.0 mL,皂化试剂 0.2 mL,立即摇匀,放置 65℃水浴 5 min。

3.氧化显色

各管再加入氧化试剂 1.0 mL,混匀后加入乙酰丙酮 1.0 mL 并混匀,65℃水浴 15 min,取出冷却,420 nm 处以 1 号管溶液调零,测定 2、3 号管吸光度。

五、实验结果、计算与分析

100 mL 血清中甘油三酯的质量浓度(mg/dL)$= (A_1 \times C_0)/A_0 \times 100$

式中,A_1 为样品液的吸光度;A_0 为标准液的吸光度;C_0 为标准应用液的质量浓度,即 1 mg/mL;100 为 100 mL 血清。

六、思考题

测定过程中有哪些需要注意的事项?

七、注意事项

(1)抽提时摇匀静置,待完全分层后才能吸取上层液,吸取上层液时不能吸入下层液,摇匀时勿将试剂洒出。

(2)选用小试管时试管口径不能太细,否则溶液过多不能振荡混匀。

(3)试管使用时需要干燥,清洗需要用洗涤剂。

内容四　血清胆固醇含量的测定(磷硫铁法)

一、实验目的

学习和掌握磷硫铁法测定血清总胆固醇含量的原理和方法。

二、实验原理

胆固醇主要存在于动物细胞,参与膜的组成。胆固醇也是血中脂蛋白复合体的成分,并与粥样硬化有关,它是动脉壁上形成粥样硬化斑块的成分之一。目前血清总胆固醇的测定方法仍以化学比色法运用最多,包括磷硫铁法、醋酸酐法和邻苯二甲醛法。

血清经无水乙醇处理,蛋白质被沉淀,胆固醇则溶于无水乙醇中。在无水乙醇提取液中加入磷硫铁试剂(即浓硫酸和三价铁溶液),胆固醇能与试剂形成比较稳定的紫红色化合物,呈色程度与胆固醇含量成正比,可用比色法(560 nm)定量测定。

三、试剂与仪器、耗材

1. 试剂

(1)10%三氯化铁溶液:10.0 g $FeCl_3 \cdot 6H_2O$ 溶于浓磷酸(A.R.)中,定容至100 mL,贮于棕色瓶中,低温保存。

(2)磷硫铁试剂(P-S-Fe试剂):取10%三氯化铁溶液1.5 mL于100 mL棕色容量瓶内,加浓硫酸(A.R.)至刻度。

(3)胆固醇标准贮液:准确称量胆固醇(C.P.)80 mg,溶于无水乙醇,定容至100 mL。

(4)胆固醇标准溶液:将贮液用无水乙醇准确稀释10倍即得,此标准液含0.08 mg/mL胆固醇。

(5)无水乙醇。

2. 仪器耗材

可见分光光度计、台式离心机、离心管、试管、移液管。

四、实验方法

1.胆固醇的提取

吸取血清 0.1 mL 置干燥离心管内,先加无水乙醇 0.4 mL,摇匀后再加无水乙醇 2.0 mL,摇匀,10 min 后离心(3 000 r/min)5 min,取上清液备用。

2.比色测定

取 3 支干燥试管编号,按表 4-7 加入以下试剂:

表 4-7

试 剂	管 号		
	1(空白)	2(标准)	3(样品)
上清提取液/mL	—	—	1.0
胆固醇标准液/mL	—	1.0	—
无水乙醇/mL	1.0	—	—
磷硫铁试剂/mL	1.0	1.0	1.0
	磷硫铁试剂须沿管壁缓缓加入,与乙醇液分成两层,立即迅速振摇 20 次,放置 10 min(冷却至室温)		
A_{560}			

五、实验结果、计算与分析

$$100 \text{ mL 血清中胆固醇的质量(mg)} = (A_1/A_0) \times C_0 \times (100/0.04)$$

$$= (A_1/A_0) \times 200$$

式中,A_1 为样品液的吸光度;A_0 为标准液的吸光度;C_0 为标准应用液的浓度,即 0.08 mg/mL;0.04 为 1 mL 血清胆固醇乙醇提取液相当于 0.04 mL 的血清;100 为 100 mL 血清。

100 mL 人血清中胆固醇的质量正常值为 110~220 mg。

六、思考题

提取胆固醇过程中,无水乙醇为什么分两次加入?

七、注意事项

（1）颜色反应与加磷硫铁试剂混合时的产热程度有关，因此，所用试管口径和厚度要一致；加磷硫铁试剂必须与乙醇分成两层，然后混合，不能边加边摇，否则显色不完全；磷硫铁试剂要加一管混合一管，混合的手法、程度也要一致；混合时试管发热，注意勿使试管内液体溅出，以免损伤衣服、皮肤和眼睛。

（2）所用试管和比色杯均须干燥，浓硫酸的质量很重要，放置日久，往往因为吸收水分，而使颜色反应降低。

（3）空白管应接近无色，如带橙黄色，表示乙醇不纯，应做去醛处理。

实验六　卵磷脂的提取和鉴定

一、实验目的

（1）学习掌握卵磷脂的提取和鉴定的原理及方法。
（2）了解卵磷脂的生物学功能。

二、实验原理

卵磷脂是甘油磷脂的一种，由磷酸、脂肪酸、甘油和胆碱组成。广泛存在于动植物中，在植物种子和动物的脑、神经组织、肝脏、肾上腺以及红细胞中含量最多；蛋黄中含量最丰富，高达 8%～10%，因而得名。卵磷脂的生物学功能：①生物膜的骨架；②肌体代谢所需能量的来源；③控制肌体脂肪代谢，防止形成脂肪肝；④酶的激活剂。

卵磷脂易溶于醇、乙醚等脂溶剂，可利用这些脂溶剂提取。新提取的卵磷脂为白色蜡状物，遇空气可氧化成为黄褐色，这是由于其中不饱和脂肪酸被氧化所致。卵磷脂的胆碱基在碱性条件下可以分解为三甲胺，三甲胺有特殊的鱼腥味，可用于鉴定。

三、试剂与仪器、耗材

1.试剂

（1）95% 乙醇。
（2）10% 氢氧化钠：10 g NaOH 溶于蒸馏水，定容至 100 mL。

（3）丙酮。

（4）红色石蕊试纸。

（5）鸡蛋黄。

2.仪器耗材

烧杯、量筒、蒸发皿、试管、移液管、电子天平、水浴锅、电炉。

四、实验方法

1.卵磷脂的提取

蛋黄约 2 g 置小烧杯内，加入 95％乙醇 15 mL，边加边搅，冷却后过滤，保证滤液清澈透明，将滤液置于蒸发皿内，蒸汽浴上蒸干，残留物即为卵磷脂，称重。

2.卵磷脂的鉴定

取以上提取物少许于试管内，加入 10％ NaOH 溶液 2 mL，沸水浴加热，在管口放一片红色石蕊试纸，观察颜色变化，并注意是否有鱼腥味，以确定是否为卵磷脂。

3.溶解实验

另取提取物少许溶于小烧杯中，添加 2 mL 丙酮，观察现象。

五、实验结果、计算与分析

通过实验现象，分析是否有卵磷脂存在，得率是多少？

六、思考题

（1）简述卵磷脂的生物学功能。

（2）写出卵磷脂的结构式。

实验七　丙二醛含量的测定

内容一　油炸方便面中丙二醛含量的测定

一、实验目的

（1）掌握丙二醛含量测定的原理和方法。

（2）了解丙二醛含量测定的实际意义。

二、实验原理

目前油炸方便面是人们常用的方便食品之一。由于植物油是制作方便面的主要原料之一,如质量不佳或储放不当以及储存时间过久等,便会产生多量脂质过氧化物,食用后会对人体造成危害。丙二醛(MDA)是脂质过氧化的最终分解产物,在酸性和高温条件下能和硫代巴比妥酸(TBA)形成红棕色物质三甲川(3,5,5'-三甲基恶唑 2,4-二酮),该物质在 532 nm 处有吸收高峰。因此,根据在 532 nm 的消光值可测定丙二醛的含量,从而反映油脂过氧化的程度。

三、试剂与仪器、耗材

1.试剂

（1）0.2% TBA:称取 0.2 g TBA,用蒸馏水溶解并定容 100 mL(可适当加热助溶),贮于棕色瓶中。

（2）5% TCA(三氯乙酸):称取 5 g TCA,用蒸馏水溶解并定容 100 mL,贮于棕色瓶中。

（3）标准储备液(10 mmol/L):称取 82.1 mg TMP(1,1,3,3-四甲氧基丙烷),用无水乙醇溶解并定容至 50 mL,存放在密闭的棕色瓶中,置于冰箱中。

（4）标准应用液(10 μmol/L):取上述标准储备液 0.1 mL 用蒸馏水准确定容至 100 mL,贮于棕色瓶中,在冰箱中可保存 3 个月。

（5）三氯甲烷(分析纯)。

（6）蒸馏水。

（7）方便面(市售)。

2.仪器与耗材

研钵、水浴锅、7220 型分光光度计、试管、吸管、离心机、10 mL 离心管。

四、实验方法

取方便面若干,置于研钵中研磨成粉,准确称取 0.1 g 于一干净试管中,加入 0.5 mL 蒸馏水,此为测定管;另取两支干净试管,分别标记标准管和空白管,然后按表 4-8 进行操作。

表 4-8

试　剂	管　号		
	0(空白)	1(标准)	2(测定)
蒸馏水/mL	0.5	—	—
标准应用液(10 μmol/L)/mL	—	0.5	—
方便面样品液/mL	—	—	0.5
5% TCA/mL	2.5	2.5	2.5
0.2% TBA/mL	3.0	3.0	3.0
	95℃加热 20 min,取出后用冷水冷却转移至带盖离心管中		
三氯甲烷/mL	3.0	3.0	3.0
	盖紧离心管,剧烈振荡 30 s,4℃冰箱静置 20 min,3 000 r/min 离心 10 min,小心吸取上层水相;在 532 nm 处以空白管调零,测定各管的吸光度		
A_{532}			

五、实验结果、计算与分析

按公式计算样品中丙二醛的含量:

丙二醛的含量(nmol/g)=(测定管吸光度/标准管吸光度)×5.0×(1/0.1)

六、思考题

(1)通过丙二醛含量测定能够解决什么理论和实际问题?

(2)实验中使用三氯甲烷的作用是什么?

内容二　植物组织中丙二醛含量的测定

一、实验目的

(1)掌握比色法测定植物组织丙二醛含量测定的原理和方法。

(2)了解植物组织内丙二醛积累对细胞的伤害。

二、实验原理

植物器官衰老或在逆境下遭受伤害，往往发生膜脂过氧化作用，丙二醛（MDA）是膜脂过氧化的最终分解产物，其含量可以反映植物遭受逆境伤害的程度。MDA 从膜上产生的位置释放出后，可以与蛋白质、核酸反应，从而丧失功能，还可使纤维素分子间的桥键松弛，或抑制蛋白质的合成。因此，MDA 的积累可能对膜和细胞造成一定的伤害。

在酸性和高温度条件下，MDA 可以与硫代巴比妥酸（TBA）反应生成红棕色的三甲川（$3,5,5'$-三甲基噁唑 $2,4$-二酮），其最大吸收波长在 532 nm，在 600 nm 处有最小光吸收。但是测定植物组织中 MDA 时受多种物质的干扰，其中最主要的是可溶性糖，糖与 TBA 显色反应产物的最大吸收波长在 450 nm，但在 532 nm 处也有吸收。为了消除 TBA 与其他物质反应的影响，在丙二醛含量测定时，同时测定 600 nm 处的吸光度，利用 532 nm 与 600 nm 吸光度的差值计算丙二醛的含量。

三、试剂与仪器、耗材

1.试剂与材料

（1）10％ TCA（三氯乙酸）：称取 10 g TCA，用蒸馏水溶解并定容至 100 mL，贮于棕色瓶中。

（2）0.6％ TBA（硫代巴比妥酸）：称取 0.6 g TBA，先加少量的氢氧化钠（1 mol/L）溶解，再用 10％ TCA 定容。

（3）石英砂。

（4）植物叶片（处理和非处理）。

2.仪器耗材

研钵、水浴锅、分光光度计、试管、吸管、离心机、10 mL 离心管。

四、实验方法

称取剪碎的试材 1 g，加入 2 mL 10％ TCA 和少量石英砂，研磨至匀浆，再加 8 mL TCA 进一步研磨，匀浆转移至离心管中，4 000 r/min 离心 10 min，上清液为样品提取液，注意区分处理和非处理。取 3 支试管编号，按表 4-9 进行操作：

表 4-9

试　剂	管　号		
	1(空白)	2(非处理)	3(处理)
蒸馏水/mL	2.0	—	
样品提取液/mL	—	2.0	2.0
0.6% TBA/mL	2.0	2.0	2.0
	混匀后沸水浴上反应 15 min 后,迅速冰浴冷却,4 000 r/min 离心 10 min,取上清液测定吸光度		
A_{532}			
A_{600}			
A_{450}			

五、实验结果、计算与分析

MDA 的浓度$(\mu mol/L) = 6.45 \times (A_{532} - A_{600}) - 0.56 \times A_{450}$

MDA 的含量$(\mu mol/g\ FW) = (MDA\ 的浓度\ \mu mol/L \times V)/(m \times 1\ 000)$

式中,V 为提取液体积,mL;m 为植物样品鲜重,g。

六、思考题

(1)为什么要测定反应液在 600 nm 下的吸光度?

(2)正常植物与胁迫处理的 MDA 含量有什么变化? 分析原因。

第五章　核酸类实验

实验一　核酸含量的测定

内容一　紫外分光光度法

一、实验目的

学习紫外分光光度法测定核酸含量的原理和操作方法。

二、实验原理

核酸、核苷酸及其衍生物都具有共轭双键系统,能吸收紫外光,RNA 和 DNA 的紫外吸收峰在 260 nm 波长处。一般在 260 nm 波长下,每 1 mL 含 1 μg RNA 溶液的光吸收值为 0.022～0.024,每 1 mL 含 1 μg DNA 溶液的光吸收值约为 0.020,故测定未知浓度 RNA 或 DNA 溶液在 260 nm 的光吸收值即可计算出其中核酸的含量。此法操作简便,迅速。

蛋白质由于含有芳香族氨基酸,因此也能吸收紫外光。通常蛋白质的吸收高峰在 280 nm 处,在 260 nm 处的吸收值仅为核酸的 1/10 或更低,故核酸样品中蛋白质含量较低时对核酸的紫外测定影响不大。

RNA 在 260 nm 与 280 nm 处的吸收比值在 2.0 以上,DNA 的比值＞1.8;当样品中蛋白质含量较高时比值即下降。若样品内混杂有大量的核苷酸或蛋白质等能吸收紫外光的物质,则测光误差较大,故应设法事先除去。

三、试剂与仪器、耗材

1. 试剂

(1)钼酸氨-高氯酸试剂(沉淀剂):如配制 200 mL,可在 193 mL 蒸馏水中加入 7 mL 高氯酸和 0.5 g 钼酸氨。

(2)5%～6% 氨水。

2. 仪器耗材

离心机、离心管、移液器、紫外分光光度计。

四、实验方法

(1)如待测 DNA 样品已溶于灭菌双蒸水中,可直接用紫外分光光度计测量 260 nm 光吸收值。如是 RNA 样品,最好用 DEPC 处理的灭菌水溶解,以防降解。

(2)如待测样品为固体,加入少量水稀释。可用 5%～6% 氨水调至 pH 7.0 助溶,定容至合适容量。于紫外分光光度计上测定 260 nm 光吸收值,计算核酸浓度:

$$RNA 浓度(\mu g/mL) = [A_{260}/(0.024 \times L)] \times 稀释倍数$$

$$DNA 浓度(\mu g/mL) = [A_{260}/(0.020 \times L)] \times 稀释倍数$$

式中,A_{260} 为 260 nm 波长处光吸收读数;L 为比色皿的厚度。

(3)如果待测的核酸样品中含有酸溶性核苷酸或可透析的低聚多核苷酸时,需加钼酸氨－高氯酸沉淀剂,沉淀除去大分子核酸,测定上清液 260 nm 波长处 A 值作为对照:

取两支离心管,向第一支管内加入 2 mL 样品溶液和 2 mL 蒸馏水,向第二支管内加入 2 mL 样品溶液和 2 mL 沉淀剂作为对照。混匀,在冰浴中放置,30 min 后 3 000 r/min 离心 10 min,从第一、第二管中分别吸取 0.5 mL 上清液,用蒸馏水定容到 50 mL。用光程为 1 cm 的石英比色杯于 260 nm 波长处测其光吸收值(A_1 和 A_2)。计算核酸浓度:

$$RNA 浓度(\mu g/mL) = [(A_1 - A_2)/(0.020 \times L)] \times 稀释倍数$$

$$DNA 浓度(\mu g/mL) = [(A_1 - A_2)/(0.024 \times L)] \times 稀释倍数$$

五、实验结果、计算与分析

按相应公式计算样品浓度和比值分析。

六、思考题

若样品中含有核苷酸类杂质,应如何校正?

内容二　地衣酚法

一、实验目的

了解并掌握地衣酚法测定 RNA 含量的基本原理和具体方法。

二、实验原理

地衣酚法测定 RNA 含量的原理是：当 RNA 与浓盐酸共热时，即发生降解，形成的核糖继而转变成糠醛，后者与 3,5-二羟基甲苯（地衣酚）反应，在 Fe^{3+} 或 Cu^{2+} 催化下，生成鲜绿色复合物。该反应产物在 670 nm 处有最大吸收。RNA 浓度在 $20\sim250$ $\mu g/mL$ 范围内，光吸收与 RNA 浓度成正比。地衣酚法的特异性差，凡戊糖均有此反应，DNA 和其他杂质也能与地衣酚反应产生类似颜色。因此，测定 RNA 时可先测得 DNA 含量，再计算 RNA 含量。

三、试剂与仪器、耗材

1.试剂

（1）RNA 标准溶液（须经定磷确定其纯度）：取酵母 RNA 配成 1 000 $\mu g/mL$ 的溶液。

（2）样品待测液：配成每毫升溶液含 RNA 干燥制品 $50\sim100$ μg。

（3）地衣酚试剂：先配 0.1% 三氯化铁的浓盐酸（分析纯）溶液，实验前用此溶液作为溶剂配成 0.1% 地衣酚溶液。

2.仪器耗材

分析天平、移液器、水浴锅、试管、吸量管、分光光度计。

四、实验方法

1.RNA 标准曲线的制作

取 6 支干净烘干试管，按表 5-1 编号及加入试剂。平行作两份。

表 5-1

试　剂	管　号					
	0	1	2	3	4	5
RNA 标准液	0	0.1	0.2	0.3	0.4	0.5
蒸馏水	1.0	0.9	0.8	0.7	0.6	0.5
地衣酚试剂	3.0	3.0	3.0	3.0	3.0	3.0
每支试管中 RNA 含量/μg	0	100	200	300	400	500
A_{670}						

加毕置沸水浴加热 25 min，取出冷却，以零号管作对照，于 670 nm 波长处测定光吸收值。取两管平均值，以 RNA 浓度为横坐标，光吸收为纵坐标作图，绘制标准曲线。

2. 样品的测定

取 2 支试管，各加入 1.0 mL 样品液，再加 3.0 mL 地衣酚试剂。如前述进行测定。

五、实验结果、计算与分析

根据测得的光吸收值，从标准曲线上查出相当该光吸收的 RNA 含量，按下式计算出制品中 RNA 的百分含量：

RNA％＝待测液中测得的 RNA 含量($\mu g/mL$)/待测液中制品的含量($\mu g/mL$)

六、思考题

地衣酚法测定 DNA 或 RNA 的含量，特异性较差，为什么？如何避免这个缺点？

七、注意事项

(1)样品中蛋白质含量较高时，应先用 5％ 三氯乙酸溶液沉淀蛋白质后再测定。

(2)本法特异性较差，凡属戊糖均能与地衣酚反应。微量 DNA 无影响，较多 DNA 存在时，亦有干扰作用。如在试剂中加入适量 $CuCl_2 \cdot 2H_2O$ 可减少 DNA 的干扰，甚至某些己糖在持续加热后生成的羟甲基糖醛也能与地衣酚反应，产生显色复合物。此外，利用 RNA 和 DNA 显色复合物的最大光吸收不同，且在不同时间显示最大色度加以区分。反应 2 min 后，DNA 在 600 nm 呈现最大光吸收，而 RNA 则在反应 15 min 后，在 670 nm 下呈现最大光吸收。

内容三　定磷法

一、实验目的

掌握定磷法测定核酸含量的原理和方法。

二、实验原理

核酸分子结构中含有一定比例的磷（RNA 含磷量为 8.5％～9.0％，DNA 含磷量约为 9.2％），测定其含磷量即可求出核酸的量。

核酸分子中的有机磷经强酸消化后形成无机磷，在酸性条件下，无机磷与钼酸铵结合形成黄色磷钼酸铵沉淀，在还原剂存在的情况下，黄色物质变成蓝黑色，称为钼蓝。钼蓝最大的光吸收在 650～660 nm 波长处，在一定浓度范围内，蓝色的深浅与磷含量成正比，可用比色法测定。若样品中含有无机磷，应设置未消化样品作对照，消除无机磷的影响，以提高准确性。

三、试剂与仪器、耗材

1. 试剂

（1）标准磷溶液：将磷酸二氢钾于 110℃ 烘至恒重，准确称取 0.877 5 g 溶于少量蒸馏水中，转移至 500 mL 容量瓶中，加入 5 mol/L 硫酸溶液 5 mL 及氯仿数滴，用蒸馏水稀释至刻度。此溶液每毫升含磷 400 μg，临用时准确稀释 20 倍（20 μg/mL）。

（2）定磷试剂（当日配制）。

①17％硫酸：17 mL 浓硫酸（相对密度 1.84）缓缓加到 83 mL 水中。

②2.5％钼酸铵溶液：2.5 g 钼酸铵溶于 100 mL 水。

③10％抗坏血酸溶液：10 g 抗坏血酸溶于 100 mL 水，并贮存于棕色瓶中。溶液呈淡黄色尚可使用，呈深黄甚至棕色即失效。

临用时将上述 3 种溶液与水按如下比例混合：溶液①：溶液②：溶液③：水 ＝1：1：1：2（$V:V$）。

（3）5％氨水。

（4）27％硫酸。

2. 仪器耗材

分析天平、移液器、水浴锅、试管、吸量管、分光光度计。

四、实验方法

1. 磷标准曲线的绘制

取干燥试管 7 支编号,按表 5-2 所示加入试剂。

表 5-2

试 剂	管 号						
	0	1	2	3	4	5	6
标准磷溶液/mL	0	0.05	0.1	0.2	0.3	0.4	0.5
蒸馏水/mL	3.0	2.95	2.9	2.8	2.7	2.6	2.5
定磷试剂/mL	3.0	3.0	3.0	3.0	3.0	3.0	3.0
每支试管中所含无机磷量/μg	0	1	2	4	6	8	10
A_{660}							

加毕摇匀,在 45℃ 水浴中保温 10 min,冷却,以 0 号管调零点,于 660 nm 处测吸光度。以磷含量为横坐标,吸光度为纵坐标作图。

2. 总磷的测定

称粗核酸 0.1 g,用少量水溶解(若不溶,可滴加 5% 氨水至 pH 7.0),待全部溶解后,移至 50 mL 容量瓶中,加水至刻度(此溶液含样品 2 mg/mL),即配成核酸溶液。

吸取上述核酸溶液 1.0 mL,置大试管中,加入 2.5 mL 27% 硫酸及一粒玻璃珠,于通风橱内直火加热至溶液透明(切勿烧干),表示消化完成。冷却后取下,将消化液移入 100 mL 容量瓶中,以少量蒸馏水洗涤试管两次,洗涤液一并倒入容量瓶,再加蒸馏水至刻度,混匀后吸取 3 mL 溶液置试管中,加 3 mL 定磷试剂,45℃ 水浴保温 10 min 后取出,测 A_{660}。

3. 无机磷的测定

吸取核酸溶液 1 mL,置于 100 mL 容量瓶中,加水至刻度,混匀后吸取 3.0 mL 置试管中,加定磷试剂 3.0 mL,45℃ 水浴中保温 10 min 后取出,测 A_{660}。

五、实验结果、计算与分析

按如下公式计算核酸含量：

$$有机磷\ A_{660}＝总磷\ A_{660}－无机磷\ A_{660}$$

从标准曲线上查出有机磷微克数(X)，按下式计算样品中核酸百分含量：

$$核酸(\%)＝[X/测定时取样体积(mL)×稀释倍数×11/样品质量(\mu g)]×100\%$$

在本文中稀释倍数为 $33.3×50$；11 表示 1 μg 磷相当于 11 μg 核酸(因核酸中含磷量为 9% 左右)。

六、思考题

定磷法操作中有哪些关键环节？

七、注意事项

定磷法既可以测定 DNA 的含量又可以测定 RNA 的含量，若 DNA 中混有 RNA 或 RNA 中混有 DNA，都会影响结果的准确性。

内容四　二苯胺法

一、实验目的

学习和掌握测定 DNA 的定糖法(二苯胺法)的原理和操作技术。

二、实验原理

DNA 在酸性条件下加热，其嘌呤碱与脱氧核糖间的糖苷键断裂，生成嘌呤碱、脱氧核糖和脱氧嘧啶核苷酸，而 2-脱氧核糖在酸性环境中加热脱水生成 ω-羟基-γ-酮基戊糖，与二苯胺试剂反应生成蓝色物质，在 595 nm 波长处有最大吸收。DNA 在 40～400 μg 范围内，光吸收与 DNA 的浓度成正比。在反应液中加入少量乙醛，可以提高反应灵敏度。

三、试剂与仪器、耗材

1. 试剂

(1)DNA 标准溶液：准确称取小牛胸腺的 DNA 钠盐，以 0.01 mol/L NaOH

溶液配成 200 μg/mL 的溶液。

（2）测定样品溶液：准确称取干燥的 DNA 制品，以 0.01 mol/L NaOH 溶液配成 100～150 μg/mL 的溶液。若要测定 RNA 制品中的 DNA 含量，样品中至少要含有 DNA 20 μg/mL 才能进行测定。

（3）二苯胺试剂：称取 1 g 二苯胺，溶于 100 mL 的分析纯的冰乙酸中，再加入 60% 以上的过氯酸 10 mL，混匀待用。临用前加入 1 mL 的 1.6% 乙醛，配好的试剂应为无色。

2. 仪器耗材

分析天平、移液器、水浴锅、试管、吸量管、分光光度计。

四、实验方法

1. 制作 DNA 标准曲线

取 12 支洁净干燥试管（每样品 2 个平行）按表 5-3 加入试剂。

表 5-3

试　剂	管　号					
	0	1	2	3	4	5
DNA 标准液/mL	0	0.4	0.8	1.2	1.6	2.0
蒸馏水/mL	2.0	1.6	1.2	0.8	0.4	0
二苯胺试剂/mL	4.0	4.0	4.0	4.0	4.0	4.0
每支试管中 DNA 含量/μg	0	80	160	240	320	400
A_{595}						

按表 5-3 加完各试剂后，充分混匀。于 60℃ 水浴中保温 1 h，冷却后于 595 nm 波长处以 0 号管为对照，测定各管光密度。取两管的平均值，以 DNA 的含量为横坐标，光密度为纵坐标，绘制标准曲线。

2. 样品 DNA 含量测定

取 2 支试管，各加入 2.0 mL 样品液，再加 4.0 mL 二苯胺试剂。如前述进行测定。待测溶液中的 DNA 含量应调整至标准曲线的可读范围内。

五、实验结果、计算与分析

以样品的光密度，从标准曲线上查出相对应 DNA 含量，按下式计算出样品中

DNA 的百分含量。

DNA=[待测液中测得的 DNA 量(μg)/待测液中样品的量(μg)]×100%

六、思考题

为什么二苯胺法可以特异性测定 RNA 制品中的 DNA 含量？

七、注意事项

二苯胺试剂具有腐蚀性,且二苯胺反应产生的蓝色不易褪色,操作中应防止洒出,比色时,比色杯外面一定要擦干净。

实验二　酵母 RNA 的提取和组分鉴定

一、实验目的

学习和掌握稀碱法提取酵母 RNA 的原理和方法,并掌握鉴定核酸组分的方法。

二、实验原理

酵母核酸中 RNA 含量较多,RNA 可溶于碱性溶液。在碱性提取液中加入酸性乙醇溶液可以使解聚的核糖核酸沉淀,由此即得到 RNA 的粗制品。

核糖核酸含有核糖、嘌呤碱、嘧啶碱和磷酸组分。加硫酸煮沸可使其水解,从水解液中可以测出上述组分的存在。磷酸与钼酸铵试剂作用能产生蓝色的磷钼酸铵沉淀。核糖和苔黑酚(地衣酚)反应呈现绿色。嘌呤碱与硝酸银能产生白色的嘌呤银化物沉淀。

三、试剂与仪器、耗材

1. 试剂

(1)0.04 mol/L 氢氧化钠溶液。

(2)酸性乙醇溶液:将 0.3 mL 浓盐酸加入 30 mL 的乙醇中。

(3)95% 乙醇。

(4)乙醚。

(5)1.5 mol/L 硫酸溶液。

(6)浓氨水。

(7)0.1 mol/L 硝酸银溶液。

(8)三氯化铁-浓盐酸溶液。将 2 mL 10% 的三氯化铁溶液(用 $FeCl_3 \cdot 6H_2O$ 配制)加到 400 mL 浓盐酸中。

(9)苔黑酚乙醇溶液:溶解 6 g 苔黑酚于 100 mL 95% 乙醇中(4℃保存1个月)。

(10)定磷试剂:见本章实验一内容三。

2.仪器耗材

研钵、水浴锅、量筒、吸管、洗耳球、漏斗、滴管、试管、试管架、烧杯、离心机、滤纸、试管架。

四、实验方法

1.RNA 提取

称取 1~2 g 酵母粉(或片)于研钵中,加入 10 mL 0.04 mol/L 氢氧化钠溶液中并充分研磨,将匀浆液转移至大试管中,在沸水浴上加热 30 min 后冷却,3 000 r/min 离心 15 min,将上清液缓缓倒入 40 mL 酸性乙醇溶液中,注意要一边倒一边搅拌。待核糖核酸沉淀完全后,3 000 r/min 离心 5 min。弃去上清液。用95%乙醇洗涤沉淀两次,每次 10 mL。用乙醚再洗涤沉淀一次后,再用乙醚将沉淀转移至漏斗中过滤。沉淀即为粗 RNA,在空气中干燥后备用。

2.RNA 组分鉴定

取上述提取的 RNA,加入 1.5 mol/L 硫酸溶液 10 mL,在沸水浴中加热10 min,制成水解液并进行组分鉴定。

(1)嘌呤碱。取 1 支试管加入水解液 1 mL,加入 2 mL 浓氨水,然后加入约1 mL 0.1 mol/L 硝酸银溶液,观察有无嘌呤银化物沉淀。

(2)核糖。取 1 支试管依次加入水解液 1 mL、三氯化铁-浓盐酸溶液 2 mL 和苔黑酚乙醇溶液 0.2 mL。放沸水浴中加热 3 min,观察,如果溶液出现绿色,说明有核糖的存在。

(3)磷酸。取 1 支试管加入水解液 1 mL 和定磷试剂 1 mL。放沸水浴中加热3 min,观察,如果溶液出现蓝色沉淀,说明有磷酸存在。

五、实验结果、计算与分析

写出各组分鉴定结果。

六、思考题

RNA组分鉴定的原理是什么？

实验三　植物基因组 DNA 提取

一、实验目的

(1)掌握植物组织中 DNA 提取的原理和方法。

(2)掌握 DNA 的电泳检测方法。

(3)掌握紫外分光光度法测定核酸纯度的方法。

二、实验原理

(1)SDS 法提取植物基因组 DNA 的基本原理是研磨的组织细胞在较高温度 (55~65℃)条件下用高浓度的 SDS 裂解植物细胞,使染色体离析,蛋白质变性,释放出核酸,然后加入高浓度的 KAc,0℃放置以除去蛋白和多糖类杂质(在低温条件下 KAc 与蛋白质及多糖结合成不溶物),离心去除沉淀后,用酚/氯仿抽提上清液中的 DNA,最后用乙醇或异丙醇沉淀 DNA。SDS 法使用离子去污剂,实验过程长,获得的 DNA 纯度高。

(2)CTAB 法:CTAB 是一种非离子去污剂,植物材料在 CTAB 的处理下,结合 65℃水浴使细胞裂解,蛋白质变性,DNA 被释放出来。CTAB 与核酸形成复合物,此复合物在高盐(>0.7 mmol/L)浓度下可溶,并稳定存在,但在低盐浓度 (0.1~0.5 mmol/L NaCl)下 CTAB-核酸复合物就因溶解度降低而沉淀,而大部分的蛋白质及多糖等仍溶解于溶液中。经离心弃上清液后,CTAB-核酸复合物再用70%~75%酒精浸泡可洗脱掉 CTAB。再经过氯仿/异戊醇(24∶1)抽提去除蛋白质、多糖、色素等来纯化 DNA,最后经异丙醇或乙醇等 DNA 沉淀剂将 DNA 沉淀分离出来。该方法简便、快速,DNA 产量高,纯度稍次,适用于一般分子生物学操作。

(3)现在已经开发出很多植物 DNA 提取试剂盒进行提取,主要原理为:离心柱法植物基因组 DNA 提取试剂盒采用可以特异性结合 DNA 的离心吸附柱和独特的缓冲液系统,用于提取植物细胞中的基因组 DNA。离心吸附柱中采用的硅基质材料,高效、专一吸附 DNA,可最大限度去除植物细胞中杂质蛋白及其他有机化合物。提取的基因组 DNA 片段大,纯度高,质量稳定可靠。磁珠法采用独特的裂解液/蛋白酶 K 迅速裂解细胞并灭活细胞内核酸酶,然后基因组 DNA 选择性吸附于磁珠,再通过一系列快速的漂洗-分离的步骤,抑制物去除液和漂洗液将细胞代谢物、蛋白等杂质去除,最后用双蒸水即可将纯净基因组 DNA 从磁珠上洗脱。

三、试剂与仪器、耗材

1.试剂

(1)SDS 提取缓冲液:50 mmol/L Tris-HCl(pH 8.0)、0.25 mol/L NaCl、20 mmol/L EDTA(pH 8.0)、0.5% SDS,2% PVP。

(2)无水乙醇。

(3)氯仿:异戊醇(24:1)。

(4)异丙醇。

(5)蒸馏水。

(6)1.5×CTAB 溶液:15 g CTAB、1 mol/L Tris-HCl(pH 8.0) 75 mL、0.5 mol/L EDTA 30 mL、61.4 g NaCl,加灭菌双蒸水至 1 000 mL。

(7)10 mol/L NH4Ac。

(8)β-巯基乙醇。

(9)70% 乙醇。

(10)灭菌 ddH$_2$O 或 TE(见附录)。

(11)琼脂糖。

(12)TAE 电泳缓冲液(见附录)。

(13)上样缓冲液 6×Loading buffer(见附录)。

(14)新鲜的组织材料或−80℃冻存的材料。

2.仪器耗材

台式高速离心机、低温冷冻离心机、电泳仪、电泳槽、凝胶成像系统、恒温水浴、微量移液器、小离心管,吸头。

四、实验方法

1.SDS 法提取植物基因组 DNA

(1)称取 0.03 g 植物幼嫩叶片放入研钵中,依次加入 200 μL 抽提缓冲液、100 μL 无水乙醇,充分研磨,再加入 200 μL 抽提缓冲液冲洗研钵,然后将匀浆液全部转移至 2 mL 离心管中。

(2)加入 600 μL 氯仿/异戊醇,上下颠倒充分混匀,−20℃放置 10 min。

12 000 r/min 离心 10 min。

（3）将上层水相约 200 μL 转移至新的离心管中，加入 200 μL 预冷的异丙醇，充分混匀后，−20℃ 静止 10 min。12 000 r/min 离心 10 min。

（4）弃上清液，用 400 μL 70％乙醇洗一次后，12 000 r/min 离心 1 min，用移液枪将上层溶液弃去后，将含有 DNA 的离心管置于超净工作台里干燥 5 min 左右。

（5）加入 20 μL 灭菌 ddH$_2$O 或 TE 溶解沉淀，即得 DNA 溶液。

（6）采用本章实验一的方法进行含量纯度测定，采用本章实验六进行电泳分析。

2.CTAB 法提取植物基因组 DNA

（1）采集适量幼嫩叶片，用液氮研成粉末，取 0.4 g 装入−20℃预冷的 1.5 mL 离心管中。

（2）预热 1.5×CTAB 到 95℃，加 1 mL 到装有叶片粉末的离心管中，混匀（防止冻融）。

（3）立即置于 65℃水浴 30 min，每 5 min 上下颠倒 1 次。

（4）12 000 r/min 离心 5 min。

（5）吸取上清液约 600 μL，加入等体积（600 μL）氯仿/异戊醇（24：1），上下颠倒数次，至下层液相呈深绿色为止。

（6）12 000 r/min 离心 5 min。

（7）取 450 μL 上清液于一新 1.5 mL 离心管，加入 1 mL 95％ 乙醇和 45 μL 10 mol/L NH$_4$AC，混匀，室温放置 10 min。

（8）12 000 r/min 离心 10 min，去上清液，用 75％ 酒精浸洗沉淀，自然干燥约 30 min。

（9）加入 50 μL TE 或无菌水（含 20 μg/RNase），置于 4℃过夜，待 DNA 溶解后，检测 DNA 浓度及质量。

（10）采用本章实验一的方法进行含量纯度测定，采用本章实验六进行电泳分析。

3.试剂盒提取植物基因组 DNA

使用前仔细阅读说明书，按说明书要求进行操作。

五、实验结果、计算与分析

得到的基因组 DNA 片段的大小与样品保存时间、操作过程中的剪切力等因素有关，采用琼脂糖凝胶电泳和紫外分光光度计检测浓度与纯度。

六、思考题

(1)DNA 降解的可能原因是什么？

(2)提高 DNA 产量的措施有哪些？

实验四　动物基因组 DNA 提取

内容一　动物肝脏组织中基因组 DNA 的提取(高盐法)

一、实验目的

(1)学习和掌握用浓盐法从动物组织中提取 DNA 的原理和技术。

(2)了解分离提取 DNA 的一般原理。

二、实验原理

核酸和蛋白质在生物体中以核蛋白的形式存在,其中 DNA 主要存在于细胞核中,RNA 主要存在于核仁及细胞质中。

生物体组织细胞中的脱氧核糖核酸(DNA)和核糖核酸(RNA),大部分与蛋白质结合,以核蛋白——脱氧核糖核蛋白(DNP)和核糖核蛋白(RNP)的形式存在,这两种复合物在不同的电解质溶液中的溶解度有较大差异。

动植物的 DNA 核蛋白能溶于水及高浓度的盐溶液(1 mol/L 氯化钠),但在 0.14 mol/L 的盐溶液中溶解度很低,而 RNA 核蛋白则溶于 0.14 mol/L 盐溶液,可利用不同浓度的氯化钠溶液,将脱氧核糖核蛋白和核糖核蛋白从样品中分别抽提出来。在核酸分子中,由于磷酸基的存在,使其酸性占优势,DNA 或 RNA 都能溶于水中,而不溶于有机溶剂。用螯合剂 EDTA 抑制核酸水解酶的活力,同时用去污剂 SDS 把蛋白质和 DNA 分开,再用氯仿-异戊醇作为蛋白质的变性剂沉淀蛋白质,最后用乙醇把 DNA 沉淀出来。

三、试剂与仪器、耗材

1.试剂

(1)0.14 mol/L NaCl-0.15 mol/L EDTA(pH=8.0)。

(2)2.5 mol/L NaCl。

(3)25％ SDS 溶液。

(4)氯仿：异戊醇＝24：1(V/V)。

(5)95％乙醇。

(6)TE(见附录)。

(7)1×TAE(见附录)。

(8)上样缓冲液(见附录)。

2.仪器耗材

冷冻离心机、研钵、手术剪、离心管、试管、滴管、刻度吸管、恒温水箱、微量移液器、吸头。

四、实验方法

(1)称取 2.5 g 鸡肝或羊肝,置于预冷的研钵中,在冰浴中剪碎,加入 5 mL 预冷的 0.14 mol/L NaCl-0.14 mol/L EDTA 溶液,研磨成匀浆液。

(2)将匀浆液加到 15 mL 刻度离心管中,2 000 r/min 离心 10 min,弃去上清液。

(3)沉淀中继续加入 5 mL 预冷的 0.14 mol/L NaCl-0.14 mol/L EDTA 溶液,充分摇匀后,2 000 r/min 离心 10 min,弃去上清液。

(4)将上述沉淀转移至 100 mL 锥形瓶中,加入 5 mL 预冷的 0.14 mol/L NaCl-0.14 mol/L EDTA 溶液,缓慢搅拌,同时加入 375 μL 25％ SDS 溶液,用封口膜封口,置于摇床中,20℃ 150 r/min 振荡 30 min。

(5)加入 2.5 mL 2.5 mol/L NaCl,用封口膜封口,置于摇床中,20℃ 150 r/min 振荡 10 min。

(6)再加入 4 mL 氯仿/异戊醇溶液,用封口膜封口,置于摇床中,20℃ 150 r/min 振荡 20 min。

(7)将混合液转移至 15 mL 刻度离心管中,2 000 r/min 离心 10 min ,取上清液至一个新的刻度离心管。

(8)加入 10 mL 95％乙醇溶液,上下颠倒混匀后,2 000 r/min 离心 5 min。

(9)弃去上清液(注意:缓慢倒去上清液),沉淀物质即为 DNA,空气干燥后即可加入 20 μL TE 缓冲液。

(10)采用本章实验一的方法进行含量纯度测定,采用本章实验六进行电泳分析。

五、实验结果、计算与分析

分析电泳和含量纯度测定结果。

六、思考题

高盐法提取 DNA 的原理是什么?

内容二　动物血液中基因组 DNA 的提取

一、实验目的

了解 CTAB 法提取血液 DNA 的技术原理。

二、实验原理

十六烷基三甲基溴化铵(hexadecyl trimethyl ammonium bromide,CTAB),是一种阳离子去污剂,具有从低离子强度溶液中沉淀核酸与酸性多聚糖的特性。在高离子强度的溶液中(>0.7 mol/L NaCl),CTAB 与蛋白质和多聚糖形成复合物,只是不能沉淀核酸。通过有机溶剂抽提,去除蛋白、多糖、酚类等杂质后加入乙醇沉淀即可使核酸分离出来。

CTAB 提取缓冲液的经典配方和作用:Tris-HCl(pH 8.0)提供一个缓冲环境,防止核酸被破坏;EDTA 螯合 Mg^{2+} 或 Mn^{2+} 离子,抑制 DNase 活性;NaCl 提供一个高盐环境,使 DNP 充分溶解,存在于液相中;CTAB 溶解细胞膜,并结合核酸,使核酸便于分离;聚乙烯吡咯烷酮(PVP)能与多酚和多糖结合形成不溶性的络合物沉淀,可有效除去这些杂质;β-巯基乙醇是抗氧化剂,有效地防止酚氧化成醌,避免褐变,使酚容易去除。

三、试剂与仪器、耗材

1. 试剂

(1)CTAB 提取缓冲液:含 0.1 mol/L Tris-HCl(pH 8.0),0.5 mol/L NaCl,0.5 mol/L EDTA(pH 8.0),4% CTAB(W/V),1% PVP(W/V),0.4% β-巯基乙醇(V/V)。称取 1.21 g Tris 碱、2.922 g NaCl、18.61 g 乙二胺四乙酸二钠、4.0 g 十六烷基三甲基溴化铵、1.0 g 聚乙烯吡咯烷酮,先溶于 70 mL 去离子水中,用浓盐酸调节 pH 至 8.0,后定容 100 mL。121℃灭菌 20 min。使用前加入 β-巯基

乙醇。

(2)氯仿:异戊醇(24:1):72 mL 的氯仿与 3 mL 的异戊醇混匀。

(3)异丙醇。

(4)70%乙醇。

2.仪器耗材

台式高速离心机、低温冷冻离心机、电泳仪、电泳槽、凝胶成像系统、恒温水浴、微量移液器、小离心管、吸头。

四、实验方法

(1)在装有血液的 2 mL 离心管中加入 500 μL 预热的 CTAB 提取液缓冲液和 2 μL β-巯基乙醇,使材料完全分散在提取液中,65℃温浴约 1.5 h。

(2)待冷却至室温后加入等体积的氯仿/异戊醇(24:1),上下颠倒离心管,温和混匀 5 min 后离心 5 min(1 000 r/min)。

(3)将上清液转移至新管中,重复步骤(2)3 次。最后一次离心 10 min(1 000 r/min)。

(4)吸取上清液,加入 70%体积的异丙醇,沉降 DNA,轻轻颠倒 2~3 次,可见白色絮状沉淀,室温下静置 30 min 以上,然后 10 000 r/min 离心 7 min,弃上清液。

(5)用 200 μL 70%的乙醇和无水乙醇各洗 2 次,每次 10 000 r/min 离心 2 min 后,弃尽上清液。

(6)将离心管放在室温下使乙醇挥发。待 DNA 干燥后加 50 μL TE 溶液和 1.5 μL RNase 于 37℃水浴中温浴 2 h,然后于 -20℃冰箱中保存备用。

(7)采用本章实验一的方法进行含量纯度测定,采用本章实验六进行电泳分析。

五、实验结果、计算与分析

分析电泳和含量纯度测定结果。

六、思考题

CTAB 法提取基因组 DNA 的技术原理是什么?

内容三　动物传代细胞基因组 DNA 的提取

一、实验目的

了解传代细胞基因组 DNA 的提取方法。

二、实验原理

SDS 可以裂解细胞,同时与酚的作用一样可以变性蛋白,以利于离心除去变性的蛋白质。蛋白酶 K 可以进一步降解除去蛋白质。醋酸钠可以中和 DNA 分子上的负电荷,减少 DNA 分子之间的同性电荷相斥力,易于互相聚合而形成 DNA 钠盐沉淀,与乙醇一起可以高效地促进 DNA 沉淀的形成。

三、试剂与仪器、耗材

(1)0.1 mol/L PBS(pH 7.2):称取 8 g NaCl、0.2 g KCl、1.44 g Na_2HPO_4、0.24 g KH_2PO_4 溶于 800 mL 水中,用浓盐酸调 pH 至 7.2,然后定容至 1 L,高压灭菌后保存。

(2)DNA 提取缓冲液:含 0.1 mol/L Tris-HCl(pH 8.0),0.1 mol/L NaCl,0.05 mol/L EDTA(pH 8.0),0.5% SDS,蛋白酶 K 100 μg/mL。称取 1.21 g Tris 碱、0.584 g NaCl、1.861 g 乙二胺四乙酸二钠、0.5 g SDS、0.01 g 蛋白酶 K,先溶于 70 mL 去离子水中,用浓盐酸调节 pH 至 8.0,后定容 100 mL。

(3)Tris 饱和酚。

(4)氯仿/异戊醇(24:1):72 mL 的氯仿与 3 mL 的异戊醇混匀。

(5)3 mol/L 醋酸钠(pH 5.2):称取 40.8 g 三水醋酸钠,溶于 80 mL 水中,用醋酸调 pH 5.2,定容至 100 mL。

(6)75% 乙醇。

四、实验方法

(1)1 000 r/min,离心 5 min 收集传代细胞,用冰预冷的 0.1 mol/L PBS(pH 7.2)洗 2 次,用无菌三蒸水重悬细胞,弃上清液。

(2)在装有细胞的 2 mL 离心管中加入 10 体积的 DNA 提取缓冲液,使材料完全分散在提取液中,55℃ 温浴过夜。

(3)加等体积的饱和酚后轻摇混匀 10 min,5 000 r/min,离心 10 min。

（4）重复步骤（3）一次。

（5）将上清液转移至新管中，加入等体积的氯仿/异戊醇（24∶1），上下颠倒离心管，温和混匀 10 min 后，6 000 r/min，离心 10 min。

（6）重复步骤（5）一次。

（7）吸取上清液，加入 1/10 体积的 3 mol/L 醋酸钠（pH 5.2）和 2 倍体积的无水乙醇，混匀。用无菌弯勾出白色丝状物。或者沉降 DNA，轻轻颠倒 2～3 次，可见白色絮状沉淀，室温下静置 30 min 以上，然后 10 000 r/min 离心 7 min，弃上清液。

（8）在新离心管中，用 200 μL 75％的乙醇洗 3 次，取出晾干，溶于无菌双蒸水中，然后于－20℃冰箱中保存备用。

（9）采用本章实验一的方法进行含量纯度测定，采用本章实验六进行电泳分析。

五、实验结果、计算与分析

分析电泳和含量纯度测定结果。

六、思考题

在沉淀 DNA 过程中，醋酸钠的作用原理是什么？

实验五　质粒 DNA 提取

一、实验目的

（1）学习和掌握碱裂解法提取质粒的原理和方法。

（2）了解试剂盒法提取质粒的原理。

二、实验原理

细菌质粒是一类双链的共价闭合环状 DNA 分子，大小范围从 1～200 kb 以上不等。各种质粒都是存在于细胞质中、独立于细胞染色体之外的自主复制的遗传成分，通常情况下可持续稳定地处于染色体外的游离状态，但在一定条件下也会可逆地整合到寄主染色体上，随着染色体的复制而复制，并通过细胞分裂传递到后代。质粒通常携带有染色体上不存在的基因，并表现出一些有用的性状，如抗生素抗性、抗细菌等。同时质粒拥有自己的复制原点，可以独立自主地进行复制，并使子细胞保持恒定的拷贝数,质粒已成为目前最常用的基因克隆的载体分子,目前已有许多方法可用于质粒 DNA 的提取,常用的有碱裂解法、煮沸法、SDS 法、Triton-溶菌酶法等,其中以碱裂解法最为常用。

碱裂解法提取质粒 DNA 主要是根据质粒 DNA 与染色体 DNA 在变性与复性过程中存在差异,从而达到分离的目的。一般包括三个基本步骤:培养细菌细胞以扩增质粒;收集和裂解细胞;分离和纯化质粒 DNA。在细菌细胞中,染色体DNA 以双螺旋结构存在,质粒 DNA 以共价闭合环状形式存在。细胞破碎后,染色体 DNA 和质粒 DNA 均被释放出来,但两者变性与复性所依赖的溶液 pH 不同。在 pH 高达 12.0 的碱性溶液中,染色体 DNA 氢键断裂,双螺旋结构解开而变性;共价闭合环状质粒 DNA 的大部分氢键断裂,但两条互补链不完全分离。当用pH 4.6 的 KAc(或 NaAc)高盐溶液调节碱性溶液至中性时,变性的质粒 DNA 可恢复原来的共价闭合环状超螺旋结构而溶解于溶液中;但染色体 DNA 不能复性,而是与不稳定的大分子 RNA、蛋白质-SDS 复合物等一起形成缠连的、可见的白色絮状沉淀。这种沉淀通过离心,与复性的溶于溶液的质粒 DNA 分离。溶于上清的质粒 DNA,可用无水乙醇和盐溶液减少 DNA 分子之间的同性电荷相斥力,使之凝聚而形成沉淀。由于 DNA 与 RNA 性质类似,乙醇沉淀 DNA 的同时,也伴随着 RNA 沉淀,可利用 RNase A 将 RNA 降解。质粒 DNA 溶液中的 RNase A以及一些可溶性蛋白,可通过酚/氯仿抽提除去,最后获得纯度较高的质粒 DNA。

现在,很多实验室已经采用试剂盒来提取质粒 DNA,大部分质粒提取试剂盒的原理与碱裂解法相同。采用碱裂解法裂解细胞,通过离心吸附柱在高盐状态下特异性地结合溶液中的 DNA 的特性提取质粒 DNA。离心吸附柱采用的硅胶质材料能高效、专一地吸附 DNA,可最大限度地去除杂质和蛋白质及其他有机化合物,提取的质粒 DNA 可用于各种常规操作,与传统碱裂解法相比,利用试剂盒提取质粒快速、方便,是目前实验室主要使用的质粒提取方法。

三、试剂与仪器、耗材

1. 试剂

(1)溶液 I:50 mmol/L 葡萄糖,25 mmol/L Tris-HCl(pH 8.0),10 mmol/L乙二胺四乙酸(EDTA)。配制方法为:称取 0.3 g Tris 加入 14.6 mL 1 mol/LHCl 溶液加水至 100 mL,调节 pH 8.0,即 Tris-HCl 缓冲液。再加入 0.37 gEDTA-Na$_2$ · 2H$_2$O 和 0.99 g 葡萄糖。

(2)溶液 II:0.2 mol/L NaOH,1% SDS。称取 0.8 g NaOH 和 1 g SDS,加双蒸水溶解并稀释至 100 mL,使用前临时配置。

（3）溶液Ⅲ：pH 4.8 KAc。称取 29.4 g 醋酸钾，加入 11.5 mL 冰醋酸，加双蒸水至 100 mL，4℃保存备用。

（4）RNase A 母液：将 RNase A 溶于含 10 mmol/L Tris-HCl（pH 7.5）和 15 mmol/L NaCl 的溶液中，配成 10 mg/mL 溶液，于 100℃加热 15 min，使污染的 DNase 失活。冷却后用 1.5 mL 无菌离心管分装，保存于－20℃。

（5）LB(Luria Broth)液体培养基：1％ 蛋白胨（tryptone），0.5％ 酵母粉（yeast extract），1％ NaCl。用 NaOH 调 pH 至 7.2，121℃灭菌 20 min 备用。LB 固体培养基：除以上 LB 培养基成分外，还需要添加 1.5％～2％ 琼脂，121℃灭菌 20 min 备用。

（6）氨苄青霉素：母液浓度为 100 μg/μL，工作浓度为 50～100 μg/mL。

（7）TE 缓冲液：10 mmol/L Tris-HCl（pH 8.0），1 mmol/L EDTA（pH 8.0）。

（8）氯仿/异戊醇混合液：按氯仿：异戊醇为 24：1（V/V）的比例在氯仿中加入异戊醇。

（9）6×上样缓冲液：见附录。

（10）TAE 电泳缓冲液（50×）：见附录。

（11）10 mg/mL 溴化乙锭（EB）：戴好乳胶手套，称取 100 mg EB，加入 10 mL 水，磁力搅拌数小时，使充分溶解，转移至棕色瓶内，4℃保存备用。

2.仪器耗材

恒温培养箱、恒温摇床、台式离心机、旋涡振荡器、水浴锅、1.5 mL 离心管、不同型号的吸头、微量移液器、微波炉、电泳仪、制胶槽、电泳槽、梳子、锥形瓶、电子天平、手套、紫外灯。

四、实验方法

1. 菌体培养

（1）配制足量液体 LB 培养基、固体 LB 培养基，并准备足量的移液管、200 μL 微量移液器头、1 000 μL 微量移液器头、1.5 mL 离心管，灭菌备用。

（2）向液体 LB 培养基移取氨苄青霉素，混合均匀。

（3）挑取 LB 固体培养基上生长的单菌落，接种于 2.0 mL LB（含氨苄青霉素）液体培养基中，37℃、200 r/min 振荡培养过夜（12～14 h）。

2. 质粒 DNA 的提取碱裂解法

此方法适用于小量质粒 DNA 的提取，提取的质粒 DNA 可直接用于酶切、PCR 扩增、银染序列分析。方法如下：

　　(1)取 1.5 mL 培养物于微量离心管中,室温 12 000 r/min 离心 1 min,弃上清液,将离心管倒置,使液体尽可能流尽。

　　(2)将细菌沉淀重悬于 100 μL 预冷的溶液 I 中,剧烈振荡,使菌体分散混匀(且不至于沉淀)。

　　(3)加 200 μL 新鲜配制的溶液 II,颠倒数次混匀(不要剧烈振荡),并将离心管放置于冰上 5 min,使细胞膜裂解(溶液 II 为裂解液,故离心管中菌液逐渐变清)。

　　(4)加入 150 μL 预冷的溶液 III,将管温和颠倒数次混匀,见白色絮状沉淀,可在冰上放置 15 min。溶液 III 为中和溶液,此时质粒 DNA 复性,染色体和蛋白质不可逆变性,形成不可溶复合物,同时 K⁺ 使 SDS-蛋白复合物沉淀。

　　(5)12 000 r/min 离心 10 min,将上清液转移至另一干净离心管中。

　　(6)向上清液中加入等体积的苯酚/氯仿/异戊醇,振荡混匀,12 000 r/min 离心 10 min。

　　(7)将上清液转移至另一离心管中,加入 2 倍体积预冷的无水乙醇,冰上放置 30 min,12 000 r/min 离心 15 min,弃上清液,把离心管倒扣在吸水纸上,吸干液体。

　　(8)用 1 mL 70%乙醇洗涤质粒 DNA 沉淀,振荡并离心,倒去上清液,真空抽干或空气中干燥。

　　(9)沉淀溶于 20 μL TE(含 RNase A 20 μg/mL),−20℃保存备用。

　　(10)采用本章实验一的方法进行含量纯度测定,采用本章实验六进行电泳分析。

3.试剂盒法

使用前仔细阅读说明书,按说明书要求进行操作。

五、实验结果与分析

　　碱裂解法提取的质粒一般存在 3 种构象:即共价闭合环形 DNA、开环 DNA、线性 DNA。当其两条多核苷酸链均保持着完整的环形结构时,称之为共价闭合环形 DNA(cccDNA),这样的 DNA 通常呈现超螺旋的 SC 构型;如果两条多核苷酸链中只有一条保持着完整的环形结构,另一条链出现有一至数个缺口时,称之为开环 DNA(ocDNA),此即 OC 构型;若质粒 DNA 被酶切割,发生双链断裂形成线性分子(lDNA),称之为线性 DNA,通称 L 构型。

　　在琼脂糖凝胶电泳中不同构型的同一种质粒 DNA,尽管分子质量相同,但具有不同的电泳迁移率。其中跑在最前沿的是共价闭合 DNA,其后依次是开环 DNA 和线性 DNA,其原因是共价闭合的 DNA 其空间位阻最小,所以跑得最快;

而线状 DNA 空间位阻最大,所以跑得最慢。

六、思考题

(1)什么是质粒? 它的生物学功用是什么?

(2)质粒 DNA 的提取方法有哪几种? 各有何特点?

七、注意事项

为获得高纯度的质粒 DNA,必须彻底去除杂蛋白、染色体 DNA 和 RNA。在整个质粒提取过程中除去染色体 DNA 的关键步骤是加入溶液Ⅱ、溶液Ⅲ的变性和复性环节,应控制好变性和复性的时机。加入溶液Ⅰ时,可剧烈振荡,使菌体沉淀转变成均匀的菌悬液,此时细胞尚未破裂,染色体不会断裂;加入溶液Ⅱ时,菌液变黏稠、透明,无菌块残留;加入溶液Ⅲ时,会立即出现白色沉淀。加入溶液Ⅱ和溶液Ⅲ后,应缓慢上下颠倒离心管数次,切忌在涡旋振荡器上剧烈振荡,否则染色体 DNA 会断裂成小片段,不形成沉淀,而溶解在溶液中,与质粒 DNA 混合在一起,不利于质粒 DNA 提纯。因此,操作时一定要缓慢柔和,采用上下颠倒的方法,既要使试剂与染色体 DNA 充分作用,又不破坏染色体的结构。

实验六　核酸的琼脂糖凝胶电泳

一、实验目的

(1)掌握琼脂糖凝胶电泳 DNA 的原理。

(2)学习水平式琼脂糖凝胶电泳检测 DNA 的方法与步骤。

二、实验原理

电泳是生物化学和分子生物学中应用最为广泛的技术之一。当带电分子置于电场中,由于所带电荷不同,可以向正极或负极移动。根据制备凝胶所采用材料的不同,凝胶电泳又分为两种:琼脂糖凝胶和聚丙烯酰胺凝胶电泳。琼脂糖是由琼脂分离制备的链状多糖。其结构单元是 D-半乳糖和 3,6-脱水-L-半乳糖。许多琼脂糖链依氢键及其他力的作用使其互相盘绕形成绳状琼脂糖束,构成大网孔型凝胶。其本身不带有电荷,因此该凝胶是用于 DNA 片段的分子质量测定和分子构象研究的重要实验手段。

DNA 分子在琼脂糖凝胶中泳动时,有电荷效应与分子筛效应。DNA 分子在大于其等电点的 pH 溶液中,带负电荷,在电场中向正极移动;在小于其等电点的 pH 溶液中,带正电荷,在电场中向负极移动。由于糖—磷酸骨架结构上的特性,使相同数量的双链 DNA 几乎带有等量的电荷,因此在一定的电场强度下,DNA 分子的迁移速率取决于分子筛效应,即 DNA 分子本身的大小和构型。DNA 分子的迁移速率与其分子质量的对数值成反比关系。具有不同分子质量的 DNA 片段迁移速率不同,因而得以分离。凝胶电泳不仅可以分离不同分子质量的 DNA,也可以分离分子质量相同,但构型不同的 DNA。

对琼脂糖凝胶中 DNA 的观察,最简单的方法是利用荧光染料溴化乙锭(EB)。EB 在紫外线的照射下能发出波长 590 nm 的红色荧光。当 DNA 样品在琼脂糖凝胶中电泳时,琼脂糖凝胶中的 EB 就嵌入 DNA 分子中形成荧光络合物,使 DNA 发出的荧光增强几十倍。

三、试剂与仪器、耗材

1. 试剂

(1)上样缓冲液:见附录。

(2)电泳缓冲液:见附录。

(3)琼脂糖。

(4)溴化乙锭:见附录。

(5)分子质量标准样品(Marker)材料。

(6)DNA 样品。

2. 仪器耗材

移液枪、枪头、电泳槽、电泳仪、电源、梳子、烧杯、量筒、搅拌棒、微波炉、天平、凝胶模板、凝胶成像仪。

四、实验方法

1. 电泳前准备

(1)刷干净电泳制胶的梳子、板子、槽子,蒸馏水洗净晾干,防止不必要的重复污染,减少外来的污染。梳子干净有利于梳孔的形成。

(2)检查电泳槽,根据情况更换 buffer,排除电泳槽的电极接触不良,确保 buffer 的缓冲能力,减少污染。

(3)根据 DNA 的分离范围选择合适的胶浓度并记录,达到较好的分离效果,防止样品过快跑出胶或者是过慢而浪费时间。

(4)计算琼脂糖的用量和制胶缓冲液的用量。

2. 制胶

(1)1.5% 琼脂糖凝胶的配置:称取 0.375 g 琼脂糖,加入 25 mL 1×TAE 缓冲液,在微波炉中加热、煮沸、振荡,反复加热、振摇 2～3 次,使琼脂糖充分融化。

(2)待凝胶冷却至 60℃左右,向胶中加入 20 μL 稀释 10 倍的 EB,摇匀,倒入插入梳子的凝胶板中(避免产生气泡),让胶自然冷却至完全凝固(需 20～30 min)。**(注意:也可以不加 EB,待电泳结束后将凝胶泡在 EB 溶液中 10 min 后再观察。)**

(3)凝胶凝固后,小心向上拔出梳子,避免前后左右摇晃,以防破坏胶面及加样孔,小心将胶和胶床放入电泳槽中,加样孔靠近阴极的一端。

(4)向电泳槽中加入 1×TAE 电泳缓冲液,液面高于胶面 1～2 mm。

3. 上样电泳

(1)取上样缓冲液于 Parafilm 上,在其上加 DNA 样品反复吹洗、混匀后上样。

(2)吸头垂直伸入液面下胶孔中,小心上样于胶孔中。

(3)用移液器加入 5 μL Marker,作为 DNA 分子质量标准。

(4)加完所有样品后,将电泳槽与电泳仪电源正确连接,黑色对阴极,红色对阳极,按照 5 V/cm 调节电压值,电泳开始以正、负极铂丝有气泡出现为准。

(5)根据指示剂迁移的位置,判断是否中止电泳。切断电源后,再取出凝胶。

(6)如制胶时已加入 EB 可直接在紫外下观察,如未加 EB 则需将凝胶泡在 EB 溶液中 10 min 后再观察。

五、实验结果与分析

将电泳好的胶置于紫外透射检测仪上,打开紫外灯,可见到橙红色核酸条带,根据条带粗细,可粗略估计该样品 DNA 的浓度。如同时有已知分子质量的标准 DNA 进行电泳,则可通过线性 DNA 条带的相对位置初步估计样品的分子质量。

DNA 电泳常见问题分析:

(1)DNA 带模糊。可能是 DNA 降解;电泳缓冲液陈旧;所用电泳条件不合适;DNA 上样量过多;DNA 样含盐过高;有蛋白污染;DNA 变性。

(2)不规则 DNA 带迁移。所用电泳条件不合适和 DNA 变性都会导致 DNA 条带不规则。

(3)带弱或无 DNA 带。DNA 的上样量不够、降解、走出凝胶;对于 EB 染色的 DNA,所用光源不合适,都会出现这种现象。

六、思考题

(1)制备琼脂糖凝胶电泳应注意哪些问题?
(2)影响电泳迁移速率的因素有哪些?

实验七　植物总 RNA 的提取和电泳分析

一、实验目的

(1)通过本实验,了解 RNA 的结构和特点。
(2)学会使用 Trizol 法提取植物总 RNA。
(3)学习和掌握总 RNA 的检测实验技术和实验原理。

二、实验原理

由于细胞内 RNA 主要以核蛋白体形式存在,所以总 RNA 提取的路线是细胞破碎,使核蛋白体从细胞内释放;采用使蛋白质变性的做法,令核蛋白体解析,RNA 迅速与蛋白质分离,大量地释放到溶液中;然后用酚、氯仿有机溶剂抽提,去除蛋白质杂质,使核酸进入水相;再选择性沉淀 RNA,使之与 DNA 分离;所得 RNA 再进行必要的纯化,最后用乙醇或异丙醇沉淀 RNA。

目前用于植物总 RNA 提取方法根据主要试剂可分为苯酚法、异硫氰酸胍(或 CTAB)法及氯化锂沉淀法。这些常规的提取方法,综合来看,分离的主要依据有以下几点:①用酚及去污剂 SDS 或 Sakosyl 破碎细胞膜并去除蛋白质;②酚、氯仿反复抽提纯化核酸;③LiCl 选择性沉淀去除 DNA 及其他不纯物;④3 mol/L 乙酸钠(pH 5.2)沉淀 RNA,DNA 在上清液中;⑤CsCl 密度梯度离心,去除多糖等杂质,纯化 RNA。目前实验室多用试剂盒提取 RNA,主要是因为这些试剂盒既方便,又快捷。这里介绍几种常用的试剂盒法提取 RNA 的原理及操作。

1. Trizol 法

Trizol 是直接从细胞或组织中提取总 RNA 的试剂,是一种苯酚与异硫氰酸胍(GTC)的混合物,异硫氰酸胍可裂解细胞,能迅速溶解蛋白质,促使核酸由于核蛋白二级结构的破坏而解离下来,使 RNA 与蛋白质分离。异硫氰酸胍能同时抑制细胞释放出的核酸酶,保持 RNA 的完整性。加入氯仿可抽提酸性的苯酚,而酸性苯酚促使 RNA 进入水相,离心后,RNA 保留在水相中,DNA 和蛋白质保留在有机相中。收集上面的水样层后,用异丙醇沉淀收集 RNA。

2. 磁珠法

磁珠法 RNA 抽提试剂盒可以从动物组织、植物材料、培养细胞、各种微生物等中稳定可靠地提取总 RNA。它采用改进的胍盐和苯酚裂解细胞的方法，一方面保证了抽提材料充分裂解释放 RNA，另一方面保证了体系中 RNase 的充分失活，提高了抽提 RNA 的完整度。加入氯仿离心分层后，取水相加入磁珠和乙醇结合 RNA。经本品抽提的 total RNA 纯度高，几乎不含蛋白质和基因组 DNA，可以直接用于 northern blot、斑点杂交、mRNA 纯化、体外翻译、RNA 酶保护分析、构建 cDNA 文库等分子生物学实验。产物 RNA 也可直接用于 RT-PCR，如果目的基因丰度特别低且扩增引物不跨内含子时 RNA 应做 DNase I 消化预处理。

3. 离心柱方法

改进的异硫氰酸胍/酚一步法裂解细胞和灭活 RNA 酶，然后总 RNA 在高离序盐状态下选择性吸附于离心柱内硅基质膜上，再通过一系列快速的漂洗-离心的步骤，去蛋白液和漂洗液，将细胞代谢物，蛋白等杂质去除，最后低盐的 RNase-free H_2O 将纯净 RNA 从硅基质膜上洗脱。本方法结合了异硫氰酸胍/酚一步法试剂稳定性好，纯度高和离心柱方便快捷的优点，不需要异丙醇沉淀和乙醇洗涤过程，RNA 可以直接从离心柱上洗脱，避免了过度干燥不易溶解的问题。

RNA 可以使用非变性或变性凝胶电泳进行检测。在非变性电泳中，可以分离混合物中不同分子质量的 RNA，但是无法确定分子质量。因 RNA 为单链分子，链内配对碱基很易通过氢键结合而形成二级以至三级结构。不同的 RNA 分子空间结构不同，因而 RNA 分子在未变性的条件下分子质量与泳动率无严格的相关性。在变性条件下电泳，破坏 RNA 的空间结构，才能使 RNA 的泳动距离与其分子质量对数值成正比。变性后的 RNA 泳动速度比天然 RNA 小 1/2 左右。在不需要测定 RNA 分子质量时，使用浓度 1.0%～1.4% 的非变性琼脂糖凝胶也可将不同的 RNA 分子分离。当需要对所提取的 RNA 样品进行快速检测时可使用非变性胶。总 RNA 样品中的主要成分是 28S rRNA、18S rRNA 及 5S rRNA。电泳后在胶板上呈现 3 条明显的条带。在上样量小时，5S rRNA 的条带有时显示不清。若在变性胶上，这 3 条带的迁移率分别与 5.1 kb、2.0 kb 及 0.12 kb 的标准 RNA 的迁移率相近。从量上看，溴化乙锭染色后 28S rRNA 条带的亮度应为 18S rRNA 的 2 倍。如果 28S rRNA 的亮度不如 18S rRNA 条带，表明样品中 RNA 有降解。发生降解的原因主要是 RNase 灭活不好，或操作中温度过高。防止的方法是操作全过程在 4℃ 低温条件下或冰上进行。操作中一次性手套要经常更换，尽量避免 RNase 污染。

三、试剂与仪器、耗材

1. 试剂

(1)植物总 RNA 提取试剂盒 Trizol。

(2)75％乙醇。

(3)氯仿：异戊醇(24∶1)(V/V)。

(4)MOPS 缓冲液：配制 $20\times$MOPS 缓冲液(pH 7.0)，0.4 mol/L MOPS、0.16 mol/L NaAc、20 mmol/L EDTANa$_2$用 0.22 μm 过滤除菌，避光保存于室温。

(5)甲醛。

(6)去离子甲酰胺。

(7)TAE 缓冲液：见附录。

(8)琼脂糖。

(9)DEPC。

(10)溴化乙锭(EB)：见附录。

(11)6 mol/L 尿素。

本实验中所有试剂均用无 RNA 酶灭菌水配置。

2. 仪器耗材

低温高速离心机、移液器、低温冰箱、液氮罐、陶瓷研钵、各种离心管、药匙、滤纸、冰盒、口罩、手套、EP 管架、超净工作台、移液器、吸头、电泳仪、电泳槽、电子天平、微波炉、紫外透射检测仪。

四、实验方法

1.RNA 提取-Trizol 法

(1)称取 0.1 g 新鲜植物叶片置于研钵中，加入液氮，迅速研磨成均匀的粉末，快速将全部粉末转入 1.5 mL 的无 RNA 酶的离心管中。

(2)向离心管中快速加入 1 mL Trizol，充分混匀后室温下放置 5 min。

(3)4℃，12 000 r/min 离心 10 min。

(4)吸取上清液置于一个新的 1.5 mL 的无 RNA 酶的离心管中，加入 200 μL 氯仿，剧烈震荡 1 min，室温放置 3 min。

(5)4℃，12 000 r/min 离心 10 min。

(6)吸取上清液置于一个新的 1.5 mL 的无 RNA 酶的离心管中，加入 600 μL

异丙醇,－20℃放置 30 min。

(7)4℃,12 000 r/min 离心 10 min。弃去上清液。

(8)向离心管中加入 1 mL 75％乙醇,漂洗沉淀物。4℃,5 000 r/min 离心 3 min。弃去上清液。

(9)待沉淀物自然干燥后,注意不要干燥过分,否则会降低 RNA 的溶解度。加入 20 μL DEPC 处理的蒸馏水,充分溶解后,即为 RNA 溶液,－20℃保存。

2.RNA 提取-离心柱法

使用前仔细阅读说明书,按说明书要求进行操作。

3.RNA 提取-磁珠法

使用前仔细阅读说明书,按说明书要求进行操作。

4. 变性琼脂糖凝胶电泳

(1)将制胶用具用 70％ 乙醇冲洗一遍,晾干备用。

(2)配制变性琼脂糖凝胶方法。

①称取 0.5 g 琼脂糖,置干净的 100 mL 锥形瓶中,加入 40 mL 蒸馏水,微波炉内加热使琼脂糖彻底溶化均匀。

②待胶凉至 60～70℃,依次向其中加入 9 mL 甲醛、2.5 mL 10× MOPS 缓冲液,混合均匀。

③灌制琼脂糖凝胶。

(3)样品准备方法。

①取 DEPC 处理过的 500 μL 小离心管,依次加入如下试剂:20×MOPS 缓冲液 1 μL,甲醛 3.5 μL,甲酰胺(去离子)10 μL,RNA 样品 4.5 μL,混匀。

②将离心管置于 60℃水浴中保 10 min,再置冰上 2 min。

③向管中加入 3 μL 上样缓冲液,混匀。

(4)上样。

(5)电泳。电泳槽内加入 1×MOPS 缓冲液,于 7.5 V/cm 的电压下电泳。

(6)电泳结束后,在紫外灯下检查结果(如凝胶中未加 EB,在 EB 溶液中浸泡 10 min 后再去紫外灯下观察结果)。

(7)配制变性琼脂糖凝胶和样品准备可选方法。

①按实验七方法用 1×TAE 配制 0.8％ 琼脂糖凝胶。

②将凝胶在含 6 mol/L 尿素的 1×TAE 中浸泡 2 h 以上。

③取 5 μL RNA 样品加入 17 μL DEPC 水再加入 11 mg 尿素,混匀后加入凝胶上样孔中。

5.RNA 纯度和含量分析

按本章实验一的紫外分析法进行。

五、实验结果、计算与分析

计算 RNA 的含量,分析纯度。并对电泳结果进行分析。

六、思考题

(1)RNA 纯化过程中如何避免 RNA 酶的污染?
(2)如何检测已纯化 RNA 的质量?

七、注意事项

植物细胞 RNA 提取中的主要问题是防止 RNA 酶的降解作用。RNA 酶是一类水解核糖核酸的内切酶,它与一般作用于核酸的酶类有着显著的不同,不仅生物活性十分稳定,耐热、耐酸、耐碱,作用时不需要任何辅助因子,而且它的存在非常广泛,除细胞内含有丰富的 RNA 酶外,在实验环境中,如各种器皿、试剂、人的皮肤、汗液甚至灰尘中都有 RNA 酶的存在。因而,生物体内源、外源 RNA 酶的降解作用是导致 RNA 提取失败的致命因素。

实验八　核酸的酶切分析

一、实验目的

(1)掌握限制性内切酶的工作原理。
(2)掌握 DNA 的限制性内切酶操作。

二、实验原理

限制性内切酶能特异地结合于一段被称为限制性酶识别序列的 DNA 序列之内或其附近的特异位点上,并切割双链 DNA。它可分为三类:Ⅰ类和Ⅲ类酶在同一蛋白质分子中兼有切割和修饰(甲基化)作用且依赖于 ATP 的存在。Ⅰ类酶结合于识别位点并随机的切割识别位点不远处的 DNA,而Ⅲ类酶在识别位点上切割 DNA 分子,然后从底物上解离。Ⅱ类由两种酶组成:一种为限制性内切核酸酶(限制酶),它切割某一特异的核苷酸序列;另一种为独立的甲基化酶,它修饰同一识别序列。Ⅱ类中的限制性内切酶在分子克隆中得到了广泛应用,它们是重组 DNA

的基础。绝大多数Ⅱ类限制酶识别长度为 4～6 个核苷酸的回文对称特异核苷酸序列(如 $EcoRⅠ$ 识别 6 个核苷酸序列:5′-G↓AATTC-3′),有少数酶识别更长的序列或简并序列。Ⅱ类酶切割位点在识别序列中,有的在对称轴处切割,产生平末端的 DNA 片段(如 $SmaⅠ$:5′—CCC↓GGG-3′);有的切割位点在对称轴一侧,产生带有单链突出末端的 DNA 片段称黏性末端,如 $EcoRⅠ$ 切割识别序列后产生两个互补的黏性末端。

$$5′\cdots G↓AATTC\cdots3′→5′\cdots G \quad AATTC\cdots3′$$
$$3′\cdots CTTAA↑G\cdots5′→3′\cdots CTTAA \quad G\cdots5′$$

DNA 纯度、缓冲液、温度条件及限制性内切酶本身都会影响限制性内切酶的活性。大部分限制性内切酶不受 RNA 或单链 DNA 的影响。当微量的污染物进入限制性内切酶贮存液中时,会影响其进一步使用,因此在吸取限制性内切酶时,每次都要用新的吸管头。如果采用两种限制性内切酶,必须要注意分别提供各自的最适盐浓度。若两者可用同一缓冲液,则可同时水解。若需要不同的盐浓度,则低盐浓度的限制性内切酶必须首先使用,随后调节盐浓度,再用高盐浓度的限制性内切酶水解。也可在第一个酶切反应完成后,用等体积酚/氯仿抽提,加 0.1 倍体积 3 mol/L NaAc 和 2 倍体积无水乙醇,混匀后置−70℃低温冰箱 30 min,离心、干燥并重新溶于缓冲液后进行第二个酶切反应。

限制性内切酶的 star 活性:限制酶在某些条件下使用时对 DNA 切割的位点特异性可能降低,即可以切割与原来识别的特定 DNA 序列不同的碱基序列,这种现象叫限制酶的 star 活性。它的出现与限制酶、底物 DNA 以及反应条件有关。

三、试剂与仪器、耗材

1. 试剂

(1)限制性内切酶 $DraⅠ$,$EcoRⅠ$,$EcoRⅤ$,$HindⅢ$。

(2)琼脂糖。

(3)酶切缓冲液。

(4)灭菌 ddH₂O 或 TE。

(5)琼脂糖。

(6)TAE 电泳缓冲液:见附录。

(7)6×上样缓冲液:见附录。

(8)植物组织总 DNA 或含有酶切位点的质粒。

2. 仪器耗材

移液器、恒温水浴锅、冰盒、小离心管、吸头、电泳仪、电泳槽、电子天平、微波炉、紫外透射检测仪。

四、实验方法

(1)仔细阅读将使用的任何一种酶产品说明书,熟悉反应条件及厂家配套试剂。

(2)计算各种试剂准确用量,用微量移液器在 0.5 mL 离心管中加入以下试剂:

DNA(3~5 μg)　　　　　10 μL
10×酶切缓冲液　　　　 1.5 μL
Enzyme(15 U/μL)　　 0.8 μL(冰上)
ddH$_2$O　　　　　　　 2.7 μL

混匀,短暂离心。

(3)置于 37℃水浴锅温浴 1~2 h(纯 DNA)或 10 h(粗制 DNA)。

(4)加入上样缓冲液终止酶切反应,也可 65℃加热 10 min 使酶变性失活。

(5)每个样品取 1/10 量用实验六的方法进行琼脂糖电泳检测,紫外凝胶成像仪观察结果。

五、实验结果、计算与分析

分析酶切后电泳结果。

六、思考题

(1)什么是限制性内切酶的 star 活性?如何避免?

(2)影响酶切效率的因素有哪些?

(3)如果一个 DNA 没有被所用的限制酶切断,你认为可能是什么原因?

七、注意事项

(1)样品加入次序为水、缓冲液、DNA,最后为酶,不应颠倒。

(2)加酶步骤要在冰浴中进行,在加酶前应先将水、缓冲液及待切 DNA 混匀。

(3)反应体系的体积要尽量少,要保证所加酶的体积不高于总体积的 1/10,因为限制性内切酶是保存于 50%甘油中的,如加酶体积高于总体积的 1/10,则反应液中甘油浓度将大于 5%,而此浓度将抑制内切酶活性。

(4)为了控制反应体积和促进反应进行,要求模板 DNA 的浓度应很高,否则反应体系中 DNA 浓度太低则将引起酶反应动力学改变,降低酶解效果,此时不得不增加反应体积;而一般为了增加 DNA 储藏的稳定性,DNA 多保存在 TE 缓冲液中,如反应体系中过多加入模板 DNA 溶液,则势必造成反应体系中 EDTA 浓度升高而对酶产生抑制。因此如底物 DNA 浓度过低则应进行浓缩。

实验九　PCR 技术

一、实验目的

(1)掌握 PCR 原理。
(2)学习 PCR 仪的使用和 PCR 的操作过程。
(3)掌握 PCR 的电泳检测方法。

二、实验原理

聚合酶链式反应(polymerase chain reaction,PCR)是一种体外核酸扩增系统,是分子克隆技术中的常用技术之一。PCR 具有反应快速、灵敏、操作简便等优点,已广泛应用于分子生物学的各个领域。PCR 包括 3 个基本步骤:①变性(denature)。目的双链 DNA 片段在 94℃下解链。②退火(anneal)。两种寡核苷酸引物在适当温度(50℃左右)下与模板上的目的序列通过氢键配对。③延伸(extension)。在 Taq DNA 聚合酶合成 DNA 的最适温度下,以目的 DNA 为模板进行合成。由这 3 个基本步骤组成一轮循环,理论上每一轮循环将使目的 DNA 扩增一倍,这些经合成产生的 DNA 又可作为下一轮循环的模板,所以经 25~35 轮循环就可使 DNA 扩增达 10^6 倍。

影响 PCR 反应的主要因素:

(1)模板:PCR 反应必须以 DNA 为模板进行扩增,模板 DNA 可以是单链分子,也可以是双链分子,可以是线状分子,也可以是环状分子(线状分子比环状分子的扩增效果稍好)。就模板 DNA 而言,影响 PCR 的主要因素是模板的数量和纯度。一般反应中的模板数量为 10^2~10^5 个拷贝,模板量过多则可能增加非特异性产物。DNA 中的杂质也会影响 PCR 的效率。

(2)Taq DNA 聚合酶:所用的酶量可根据 DNA、引物及其他因素的变化进行适当的增减。酶量过多会使产物非特异性增加,过少则使产量降低。

(3)Mg^{2+}:Mg^{2+} 浓度对 Taq DNA 聚合酶影响很大,它可影响酶的活性和真实性,影响引物退火和解链温度,影响产物的特异性以及引物二聚体的形成等。通常 Mg^{2+} 浓度范围为 $0.5\sim2$ mmol/L。

(4)引物:一般 PCR 反应中的引物终浓度为 $0.2\sim1.0$ μmol/L。引物过多会产生错误引导或产生引物二聚体,过低则降低产量。

三、试剂与仪器、耗材

1. 试剂

(1)引物(Primer)。

(2)10×PCR 缓冲液。

(3)dNTPs(各 2.5 mmol/L)。

(4)Taq(5 U/μL)。

(5)$MgCl_2$(25 mmol/L)。

(6)超纯水。

(7)琼脂糖。

(8)TAE 电泳缓冲液:见附录。

(9)6×上样缓冲液:见附录。

(10)模板 DNA。

2. 仪器耗材

PCR 仪、瞬时离心机、电泳仪、电泳槽、凝胶成像系统、冰盒、小离心管、吸头、移液器。

四、实验方法

(1)在一个灭菌的 0.2 mL 离心管中,用微量移液器加入以下试剂(表 5-4),配制反应混合液,混匀,瞬时离心 5 s。

(2)将配制 PCR 反应混合液置于 PCR 仪中,设定反应循环条件:①94℃预变性 5 min;②94℃变性 30 s,55℃退火 45 s,72℃延伸 1 min,循环 25~35 次;③72℃延伸 10 min。

(3)取扩增完成的 PCR 产物 10 μL,加 2 μL 6×上样缓冲液,混匀,短暂离心,准备点样。

(4)按实验六方法在 1.0%~1.5% 的琼脂糖凝胶上点样电泳;溴化乙锭(EB)染色,紫外观察。

表 5-4

组　分	用量/μL
模板 DNA	2(20 ng)
10 PCR buffer	2.0
MgCl$_2$(25 mmol/L)	1.5
引物 1(10 μmol/L)	0.2
引物 2(10 μmol/L)	0.2
dNTPs(2.5 mmol/L)	2.0
Taq(5 U/μL)	0.2
加水补足体积	20

五、实验结果、计算与分析

根据预期 PCR 扩增产物的大小及电泳中 DNA 分子质量标准,观察 PCR 点样泳道是否有预期大小的扩增产物。

六、思考题

(1)分析电泳检测 PCR 产物时出现拖带或非特异性扩增带、无 DNA 带或 DNA 带很弱的可能原因。

(2)循环次数是否越多越好? 为什么?

实验十　反转录 PCR

一、实验目的

(1) 通过本实验,了解反转录 PCR 的原理。

(3) 学习和掌握反转录 PCR 的实验技术。

二、实验原理

反转录 PCR(reverse transcription-polymerase chain reaction,RT-PCR)又称为逆转录 PCR,是将 RNA 的逆转录(RT)为 cDNA 和聚合酶链式扩增反应(PCR)相结合的技术。其原理是:提取组织的总 RNA,以其中的 mRNA 作为模板,采用随机引物、Oligo(dT)或特异性引物利用逆转录酶反转录成 cDNA。再以 cDNA

为模板进行 PCR 扩增,而获得目的基因或检测基因表达。

其中反转录引物可用:①随机引物:当特定 mRNA 由于含有使反转录酶终止的序列而难于拷贝其全长序列时,可采用随机六聚体引物这一不特异的引物来拷贝全长 mRNA。用此种方法时,体系中所有 RNA 分子全部充当了 cDNA 第一链模板,PCR 引物在扩增过程中赋予所需要的特异性。通常用此引物合成的 cDNA 中 96% 来源于 rRNA。②Oligo(dT15-18):是一种对 mRNA 特异的方法。因绝大多数真核细胞 mRNA 具有 3′端 Poly(A)尾,此引物与其配对,仅 mRNA 可被转录。由于 Poly(A)RNA 仅占总 RNA 的 1%～4%,故此种引物合成的 cDNA 比随机六聚体作为引物和得到的 cDNA 在数量和复杂性方面均要小。③特异性引物:最特异的引发方法是用含目标 RNA 的互补序列的寡核苷酸作为引物,若 PCR 反应用二种特异性引物,第一条链的合成可由与 mRNA 3′端最靠近的配对引物起始。用此类引物仅产生所需要的 cDNA,导致更为特异的 PCR 扩增。其中逆转录酶是一个多功能酶,同时具有聚合酶和 RNA 酶 H(水解 RNA-DNA 杂合链中的 RNA)的活性,而 RNA 酶 H(反转录过程中,RNA 酶 H 通过对模板 RNA 的降解)的存在,会干扰聚合酶的效果。因此,一般选择 RNA 酶 H 活性相对较弱的逆转录酶进行实验。逆转录酶主要有:①Money 鼠白血病病毒(MMLV)反转录酶:有强的聚合酶活性,RNA 酶 H 活性相对较弱。最适作用温度为 37℃。②禽成髓细胞瘤病毒(AMV)反转录酶:有强的聚合酶活性和 RNA 酶 H 活性。最适作用温度为 42℃。③Thermus thermophilus、Thermus flavus 等嗜热微生物的热稳定性反转录酶:在 Mn^{2+} 存在下,允许高温反转录 RNA,以消除 RNA 模板的二级结构。④MMLV 反转录酶的 RNA 酶 H 突变体:商品名为 SuperScript 和 SuperScript Ⅱ。此种酶较其他酶能多将更大部分的 RNA 转换成 cDNA,这一特性允许从含二级结构的、低温反转录很困难的 mRNA 模板合成较长 cDNA。

RT-PCR 使 RNA 检测的灵敏性提高了几个数量级,使对一些极为微量 RNA 样品分析成为可能。该技术主要用于:分析基因的转录产物、获取目的基因、合成 cDNA 探针、构建 RNA 高效转录系统。

三、试剂与仪器、耗材

1. 试剂

(1)cDNA 第一链试剂盒:GIBICOL 公司提供的 SuperScriptTM Preamplification System for First Strand cDNA Synthesis 试剂盒,包含逆转录酶[Superscript Ⅱ RT, 200 U/μL;第一链 cDNA 10×PCR buffer;25 mmol/L $MgCl_2$;10 mmol/L dNTPmix;0.1 mol/L DTT;200 U/μL RNA 酶 H;10 μmol/L Oligo （dT）20；DEPC H$_2$O]。

（2）TAE 缓冲液：见附录。

（3）琼脂糖。

（4）溴化乙锭（EB）：见附录。

本实验中所有试剂均用无 RNA 酶灭菌水配置。

2. 仪器耗材

离心机、移液器、PCR 薄壁管、冰盒、口罩、手套、PCR 管架、超净工作台、移液器、吸头、电泳仪、电泳槽、微波炉、紫外透射检测仪。

四、实验方法

（1）总 RNA 的提取，详细见实验七。

（2）cDNA 第一链的合成（reverse transcription）：目前试剂公司有多种 cDNA 第一链试剂盒出售，其原理基本相同，但操作步骤不一。现以 GIBICOL 公司提供的 SuperScriptTM Preamplification System for First Strand cDNA Synthesis 试剂盒为例。

①在 0.5 mL 微量离心管中，用移液器加入总 RNA 1～5 μg，补充适量的 DEPC H$_2$O 使总体积达 11 μL。在管中加 10 μmol/L Oligo(dT)20 12～18 μL，轻轻混匀、离心。

②70℃加热 10 min，立即将微量离心管插入冰浴中至少 1 min。

③用移液器加入下列试剂的混合物（表 5-5）：

表 5-5

组	用量/μL
第一链 cDNA 10×PCR buffer	2.0
25 mmol/L MgCl$_2$	2.0
10 mmol/L dNTP mix	1.0
0.1 mol/L DTT	2.0

④轻轻混匀，瞬时离心 5 s。42℃孵育 2～5 min。

⑤加入逆转录酶（Superscript Ⅱ RT，200 U/μL）1 μL ，在 42℃水浴中孵育 50 min。

⑥将上述微量离心管于 70℃加热 15 min 以终止反应。

⑦将管插入冰中，加入 RNA 酶 H 1 μL ，37℃孵育 20 min，降解残留的 RNA。

－20℃保存备用。

（3）PCR。

①取 0.5 mL PCR 管,用移液器依次加入下列试剂（表 5-6）:

表 5-6

组分	用量/μL
第一链 cDNA	2(20 ng)
上游引物(10 pmol/L)	2.0
下游引物(10 pmol/L)	2.0
dNTP(2 mmol/L)	4.0
10×PCR buffer	5.0
Taq 酶(2 U/μL)	1.0
加水补足体积	50

混匀,瞬时离心 5 s。

②设定 PCR 程序。在适当的温度参数下扩增 28～32 个循环。

③电泳鉴定:120 V 进行 PCR 产物的琼脂糖凝胶（1%）电泳 15～20 min 后,染色 5～10 min 后,紫外凝胶成像仪下观察结果。

五、实验结果、计算与分析

对电泳结果进行分析,是否有目的条带。

六、思考题

（1）RT-PCR 过程中如何避免基因组 DNA 的污染?

（2）如何提高 RT-PCR 灵敏度?

七、注意事项

（1）为了防止非特异性扩增,必须设阴性对照。

（2）防止 DNA 的污染:采用 DNA 酶处理 RNA 样品。

（3）在可能的情况下,将 PCR 引物置于基因的不同外显子上,以消除基因和 mRNA 的共线性。

实验十一　半定量 PCR

一、实验目的

(1)了解半定量 PCR 的基本原理。

(2)掌握半定量 PCR 的实验方法。

二、实验原理

半定量 PCR 是一种 RT-PCR 结合琼脂糖凝胶电泳分析的实验手段,即通过目的基因 RT-PCR 产物与内参基因 RT-PCR 产物琼脂糖凝胶电泳条带亮度的比较,分析目的基因相对表达水平。半定量 PCR 实验中,先通过 mRNA 反转录获得cDNA,再以 cDNA 为模板,PCR 扩增目的基因与内参基因片段,通过琼脂糖凝胶电泳分析目的基因 PCR 产物与内参基因 PCR 产物电泳条带相对亮度,对目的基因表达进行相对定量。半定量 PCR 特异性较高、操作简便、可靠性较强,常用于分析样品之间某种基因表达水平的相对差异。

三、试剂与仪器、耗材

1. 试剂

总 RNA 提取试剂盒、75％乙醇(无 RNA 酶灭菌双蒸水配制)、氯仿、异丙醇、TAE 缓冲液、核酸染料、反转录试剂盒、Taq 酶、dNTP、琼脂糖、内参基因引物和目的基因特异引物。

2. 仪器耗材

低温高速离心机、移液器、低温冰箱、液氮罐、陶瓷研钵、各种离心管、药匙、滤纸、冰盒、口罩、手套、EP 管架、超净工作台、移液器、吸头、电泳仪、电泳槽、电子天平、微波炉、紫外透射检测仪、核酸蛋白微量定量仪、实时荧光定量 PCR 仪。

3. 样品

不同处理的组织 cDNA(逆转录前需确保所有 RNA 的浓度一致)。

四、实验方法

1.引物设计

利用 Primer Premier 5、DNAMAN、Primer-Blast 等程序设计引物。为减少

PCR 扩增中产生的非特异产物,在设计引物前将目的基因序列在 GenBank 中比对,在特异序列中设计引物。

2.内参基因扩增

根据选定的内参基因序列,设计特异性引物。

PCR 扩增建议采用 25 μL 反应体系,分别加入等量的 cDNA(2 μL)模板,10×PCR 缓冲液 2.5 μL,dNTP(2.5 mmol·L^{-1})2 μL,内参基因上下游引物(10 μmol·L^{-1})各 1 μL,Taq DNA 聚合酶 0.5 μL,灭菌双蒸水 16 μL。反应在 PCR 仪上进行。

PCR 反应程序:94℃预变性 5 min,94℃变性 30 s,55℃退火 30 s,72℃延伸 1 min,25 个循环;72℃延伸 5 min。

3.目的基因扩增

根据目的基因序列,设计特异性引物。PCR 扩增加样量同上。

PCR 反应程序同上。在同一台 PCR 仪中,内参基因和目的基因的半定量 PCR 分管同时进行。

4.电泳分析

PCR 结束后各取 10 μL 的内参基因和目的基因的 PCR 产物,加上样缓冲液进行 1% 琼脂糖凝胶电泳、核酸染料染色、紫外灯观察照相。

五、实验结果、计算与分析

PCR 产物经 1% 琼脂糖凝胶电泳、核酸染料染色、紫外灯观察照相后,比较各样品内参基因和目的基因 PCR 产物条带亮度。若各样品内参基因 PCR 产物电泳条带亮度不一致,须调整对应内参基因和目的基因的 cDNA 模板量,重新进行全部样品的内参基因和目的基因的半定量 PCR,直至内参基因各样品 PCR 产物电泳条带亮度基本一致,方可作为最终实验结果。

六、思考题

(1)半定量 PCR 有何优缺点?

(2)如何提高半定量 PCR 实验结果的准确性?

七、注意事项

(1)目的基因与内参基因的 PCR 反应扩增的效率应一致,否则影响结果的准确性。

（2）半定量 PCR 引物设计要点：

①引物长度 17～25 mers；

②跨内含子设计引物，避免出现基因组 DNA 的扩增；

③扩增片段长度 100～500 bp 为宜；

④尽可能避免出现引物二聚体和发卡结构，若有二聚体和发卡结构，连续配对的碱基数不超过 3 个；

⑤GC 含量 40%～60%（45%～55%最佳），Forward Primer 和 Reverse Primer 的 T_m 值不能相差太大，在 4℃ 以内为佳；

⑥引物序列 A、G、C、T 整体分布尽量均匀，不要有部分的 GC 分布丰富或 AT 分布丰富（特别是 3 端），避开 T/C（Polypyrimidine）或 A/G（Polypurine）的连续结构；

⑦3′端碱基最好为 G 或 C，尽量避免 3′端碱基为 T，避开引物内部或两条引物之间有 3 个碱基以上的互补序列。两条引物的 3′端碱基避开有 2 个以上的互补序列。

实验十二　实时荧光定量 PCR

一、实验目的

（1）了解 SYBR Green 实时荧光定量 PCR 的基本原理。

（2）掌握 SYBR Green 实时荧光定量 PCR 的实验方法。

二、实验原理

实时荧光定量 PCR（real-time quantitative PCR，RT-qPCR）是指在 PCR 反应中加入荧光基团，通过连续监测荧光信号出现的先后顺序以及信号强弱的变化，对目的基因的初始模板量进行实时定量分析的方法。与半定量 PCR 等技术相比，实时荧光定量 PCR 具有灵敏度高、特异性强、无须电泳操作等优点。

（1）荧光阈值：荧光阈值（threshold）是在荧光扩增曲线指数增长期设定的一个荧光强度标准。

在实时荧光定量 PCR 中，监测到的荧光信号的变化可以绘制成扩增曲线，从而反映 PCR 产物量的变化。扩增曲线一般分为基线期、指数期、平台期（图 5-1）。只有在指数期，PCR 产物量的对数值与起始模板量之间存在线性关系，可以进行定量分析。为对检测样本进行统一比较，首先需设定荧光阈值（图 5-1）。一般荧光阈值设置为 3～15 个循环的荧光信号的标准偏差的 10 倍,但实际应用时要结合扩增效率、线形回归系数等参数来综合考虑。

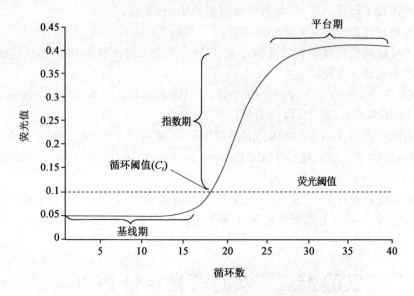

图 5-1　实时荧光定量 PCR 扩增曲线

(2)循环阈值:循环阈值(cycle threshold value,Ct)即 PCR 扩增过程中扩增产物的荧光信号达到设定荧光阈值时所经过的扩增循环次数(图 5-1)。C_t 值与荧光阈值有关。

(3)C_t 值与初始模板的关系:

$$C_t = \frac{1}{\lg(1+E_x)} \times \lg X_0 + \frac{\lg N}{\lg(1+E_x)}$$

式中,n 为扩增反应的循环次数;X_n 为第 n 次循环后的产物量;X_0 为初始模板量;E_x 为扩增效率。

对于每一个特定的 PCR 反应来说,E_x 和 N 均是常数,所以 C_t 值与 $\lg X_0$ 呈负相关,也就是说,初始模板量的对数值与循环数 C_t 值呈线性关系,初始模板量越多,扩增产物达到阈值时所需要的循环数越少。因此,根据样品扩增达到阈值的循环数就可计算出样品中所含的模板量。但是,需要注意的是,以上的 PCR 理论方程仅在荧光信号指数扩增期成立。

(4)荧光染料:荧光染料也称为 DNA 结合染料。染料与 DNA 双链结合时在激发光源的照射下发出荧光信号,其信号强度代表双链 DNA 分子的数量。目前主要使用的染料分子是 SYBR Green Ⅰ。SYBR Green Ⅰ能与 DNA 双链的小沟特异性结合。游离的 SYBR Green Ⅰ几乎没有荧光信号,但结合 DNA 后,荧光信号成倍增加。因此,PCR 扩增的产物越多,SYBR Green Ⅰ结合的越多,荧光信号就越强,可以对任何目的基因定量。

(5)相对定量:如果不需要对基因进行绝对定量,只需要确定基因相对表达差异,可进行相对定量。细胞中组成型表达的基因可以被用作内部参照(简称内参)基因。通过检测目的基因相对于内参基因的表达实现相对定量。

实践中常用的相对定量法是比较 C_t 法。在比较 C_t 法中,定量的结果由目的基因与内参基因 C_t 之间的差值($\triangle C_t$)来反映。典型的比较 C_t 法如 $2^{-\triangle\triangle C_t}$ 法,该方法的应用要满足目的基因与内参基因有相同的扩增效率的条件。$2^{-\triangle\triangle C_t}$ 法的缺点在于计算结果受扩增效率影响较大。

三、试剂与仪器、耗材

1. 试剂

总 RNA 提取试剂盒、反转录试剂盒、75%乙醇(无 RNA 酶灭菌双蒸水配制)、氯仿、异丙醇、TAE 缓冲液、核酸染料、荧光定量 PCR 试剂盒。

2. 仪器耗材

低温高速离心机、移液器、低温冰箱、液氮罐、陶瓷研钵、各种离心管、药匙、滤纸、冰盒、口罩、手套、EP 管架、超净工作台、移液器、吸头、电泳仪,电泳槽、电子天平、微波炉、紫外透射检测仪、核酸蛋白微量定量仪、实时荧光定量 PCR 仪。

3. 样品

不同处理的组织 cDNA(在逆转录前需定量为所有 RNA 的浓度一致)。

四、实验方法

1. 引物设计

利用 Primer Premier 5、DNAMAN、Primer-Blast 等程序设计特异引物。为减少 PCR 扩增中产生的非特异产物,在设计引物前将目的基因序列在 GenBank 中比对,在特异序列中设计引物。

2.实时荧光定量 PCR

以 $2^{-\triangle\triangle C_t}$ 法相对定量的实验方法,使用的试剂盒为 Takara 公司的实时荧光定量 PCR。以不同处理的 cDNA 为模板,进行实时荧光定量 PCR 试验。反应体系如下:20 μL,包括 2 μL 模板,10 μL 2×SYBR Premix 和 10 μmol·L^{-1} 的上、下游荧光定量目的基因特异引物各 0.8 μL(终浓度为 μmol·L^{-1}),0.4 μL 50×ROX Ⅱ,6 μL 无菌水。内参基因反应体系与上述一致,只是引物使用内参基因引物。

PCR 扩增程序如下:95℃预变性 30 s,95℃ 5 s,60℃ 34 s,72℃ 30 s,共 40 个循环;95℃延伸 10 min,按上述反应程序在实时荧光定量 PCR 仪上进行实验。

五、实验结果、计算与分析

在用 $2^{-\triangle\triangle C_t}$ 法进行相对定量实验时,实验体系中必须包含实验组和参照组、目的基因和内参基因。实时荧光定量 PCR 仪运行的 PCR 扩增程序结束后,将采集到的实验组和参照组中的目的基因和内参基因 C_t 值用于计算,定量方法如下:

$\triangle C_t$ 目的基因=C_t(目的基因)-C_t(同一样本的内参基因)

$\triangle\triangle C_t$ 目的基因=实验组$\triangle C_t$ 目的基因-参照组$\triangle C_t$ 目的基因

$\triangle C_t$ 目的基因(实验组/参照组)=$2^{-\triangle\triangle C_t \text{目标基因}}$

每个样品进行 3 次生物学重复,取平均值和标准差。

六、思考题

(1) 分别在什么情况下应用绝对定量和相对定量实时荧光定量 PCR?

(2) 如何提高实时荧光定量 PCR 实验结果的准确性?

七、注意事项

(1)目的基因与内参基因的 PCR 反应扩增的效率应一致,否则影响结果的准确性。

(2)每个生物学重复中应至少有 3 个实验重复,重复性越好结果越精确。3 个实验重复的 C_t 值偏差应在 1 以内。

(3)在设计引物过程中尽可能避免出现引物二聚体。引物二聚体是非特异性退火和延伸的产物,它不仅影响扩增的效率,而且对于荧光染料 SYBR Green Ⅰ来说,由于 SYBR Green Ⅰ 可以与所有的双链 DNA 结合,所以会在反应体系中出现特异性产物与引物二聚体竞争 SYBR Green Ⅰ的现象,从而降低了实时荧光定量 PCR 的敏感性。

（4）荧光定量 PCR 引物设计要点

①引物长度 17～25 mers；

②跨内含子设计引物，避免出现基因组 DNA 的扩增；

③扩增片段长度 100～300 bp 为宜；

④GC 含量 40%～60%（45%～55% 最佳），T_m 值 Forward Primer 和 Reverse Primer 的 T_m 值不能相差太大，在 4℃ 以内为佳。

引物序列 A、G、C、T 整体分布尽量均匀，不要有部分的 GC rich 或 AT rich（特别是 3 端），避开 T/C（ Polypyrimidine）或 A/G（ Polypurine）的连续结构；

3′末端序列 3′端碱基最好为 G 或 C，尽量避免 3′端碱基为 T，避开引物内部或两条引物之间有 3 个碱基以上的互补序列。两条引物的 3′端碱基避开有 2 个以上的互补序列。

附　　录

附录一　生物化学实验各类样品制备

生物化学所用的材料通常由动物、植物和微生物提供,其中包括蛋白质、酶、核酸等高分子化合物,这 3 类物质是生命活动的物质基础。然而生物大分子的分离纯化与制备是一件十分细致而困难的工作,有时制备一种高纯度的蛋白质、酶或核酸,要付出长期和艰苦的努力。

与化学产品的分离制备相比较,生物大分子的制备有以下主要特点。

(1)生物材料的组成极其复杂,常常包含有数百种乃至几千种化合物。其中许多化合物至今还是个谜,有待人们研究与开发。有的生物大分子在分离过程中还在不断的代谢,所以生物大分子的分离纯化方法差别极大,想找到一种适合各种生物大分子分离制备的标准方法是不可能的。

(2)许多生物大分子在生物材料中的含量极微,只有万分之一、几十万分之一,甚至几百万分之一。分离纯化的步骤繁多,流程又长,有的目的产物要经过十几步、几十步的操作才能达到所需纯度的要求。例如,由脑垂体组织取得某些激素的释放因子,要用几吨甚至几十吨的生物材料,才能提取出几毫克的样品。

(3)许多生物大分子一旦离开了生物体内的环境时就极易失活,因此分离过程中如何防止其失活,就是生物大分子提取制备最困难之处。过酸、过碱、高温、剧烈的搅拌、强辐射及本身的自溶等都会使生物大分子变性而失活,所以分离纯化时一定要选用最适宜的环境和条件。

(4)生物大分子的制备几乎都是在溶液中进行的,温度、pH、离子强度等各种参数对溶液中各种组成的综合影响,很难准确估计和判断,因而实验结果常有很大的经验成分,实验的重复性较差,个人的实验技术水平和经验对实验结果会有较大的影响。

生物大分子的制备通常可按以下步骤进行:①确定要制备的生物大分子的目的和要求,是进行科研、开发还是要发现新的物质。②建立相应的可靠的分析测定方法,这是制备生物大分子的关键,因为它是整个分离纯化过程的"眼睛"。③通过文献调研和预备性实验,掌握生物大分子目的产物的物理化学性质。④生物材料的破碎和预处理。⑤分离纯化方案的选择和探索,这是最困难的过程。⑥生物大分子制备物的均一性(即纯度)的鉴定,要求达到一维电泳一条带,二维电泳一个点,或 HPLC 和毛细管电泳都是一个峰。⑦产物的浓缩,干燥和保存。具体流程如下:

1. 生物大分子制备的前处理

(1)生物材料的选择。

(2)细胞的破碎:①机械法(研磨、组织捣碎器);②物理法(反复冻融法、超声波处理法、压榨法、冷热交替法);③化学与生物化学方法(自溶法、溶胀法、酶解法、有机溶剂处理法)。

(3)生物大分子的提取:①水溶液提取(主要影响因素:盐浓度、pH、温度、蛋白酶或核酸酶的降解作用、搅拌与氧化);②有机溶剂提取。

2. 生物大分子的分离纯化

常用的分离纯化方法和技术有沉淀法(包括:盐析、有机溶剂沉淀、选择性沉淀等)、离心、吸附层析、凝胶过滤层析、离子交换层析、亲和层析、快速制备型液相色谱以及等电聚焦制备电泳等。本章以介绍沉淀法为主。

(1)沉淀法:在生物大分子制备中最常用的几种沉淀方法有:

①中性盐沉淀(盐析法)。多用于各种蛋白质和酶的分离纯化。

②有机溶剂沉淀。多用于蛋白质和酶、多糖、核酸以及生物小分子的分离纯化。

③选择性沉淀(热变性沉淀和酸碱变性沉淀)。多用于除去某些不耐热的和在一定 pH 下易变性的杂蛋白。

④等电点沉淀。用于氨基酸、蛋白质及其他两性物质的沉淀,但此法单独应用较少,多与其他方法结合使用。

⑤有机聚合物沉淀。是发展较快的一种新方法,主要使用 PEG(聚乙二醇)作为沉淀剂。

(2)透析:只需要使用专用的半透膜即可完成。通常是将半透膜制成袋状,将生物大分子样品溶液置入袋内,将此透析袋浸入水或缓冲液中,样品溶液中的大分子质量的生物大分子被截留在袋内,而盐和小分子物质不断扩散透析到袋外,直到袋内外两边的浓度达到平衡为止。保留在透析袋内未透析出的样品溶液称为"保留液",袋(膜)外的溶液称为"渗出液"或"透析液"。

(3)超滤:是一种加压膜分离技术,即在一定的压力下,使小分子溶质和溶剂穿过一定孔径的特制的薄膜,而使大分子溶质不能透过,留在膜的一边,从而使大分子物质得到了部分的纯化。超滤根据所加的操作压力和所用膜的平均孔径的不同,可分为微孔过滤、超滤和反渗透3种。优点是操作简便,成本低廉,不需增加任何化学试剂,尤其是超滤技术的实验条件温和,与蒸发、冰冻干燥相比没有相的变化,而且不引起温度、pH的变化,因而可以防止生物大分子的变性、失活和自溶。

(4)冰冻干燥:冰冻干燥是先将生物大分子的水溶液冰冻,然后在低温和高真空下使冰升华,留下固体干粉。冰冻干燥得到的生物大分子固体样品有突出的优点:①由于是由冰冻状态直接升华为气态,所以样品不起泡,不暴沸。②得到的干粉样品不粘壁,易取出。③冰干后的样品是疏松的粉末,易溶于水。

3. 样品的保存

生物大分子制成品的正确保存极为重要,一旦保存不当,辛辛苦苦制成的样品失活、变性、变质,使前面的全部制备工作化为乌有,损失惨重,前功尽弃。影响生物大分子样品保存的主要因素有:空气、温度、水分、光线、样品的pH、时间等。

附录二　实验的基本操作和要求

1. 药品的取用

(1)实验室里所用的药品,很多是易燃、易爆、有腐蚀性或有毒的。因此,在使用时一定要严格遵照有关规定和操作规程,保证安全。不能用手接触药品,不要把鼻孔凑到容器口去闻药品(特别是气体)的气味,不得尝任何药品的味道。注意节约药品,严格按照实验规定的用量取用药品。实验剩余的药品既不能放回原瓶,也不要随意丢弃,更不要拿出实验室,要放入指定的容器内。

(2)固体药品的取用:取用固体药品一般用药匙。往试管里装入固体粉末时,为避免药品沾在管口和管壁上,先使试管倾斜,把盛有药品的药匙(或用小纸条折叠成的纸槽)小心地送入试管底部,然后使试管直立起来,让药品全部落到底部。有些块状的药品可用镊子夹取。

(3)液体药品的取用:取用很少量液体时可用移液器吸取。取用较多量液体时可用直接倾注法:取用细口瓶里的药液时,先拿下瓶塞,倒放在桌上,然后拿起瓶子(标签应对着手心),瓶口要紧挨着试管口,使液体缓缓地倒入试管。注意防止残留在瓶口的药液流下来,腐蚀标签。一般往大口容器(如容量瓶、漏斗等)里倾注液体时,应用玻璃棒引流。

2. 试纸的使用

试纸的种类很多。常用的有 pH 试纸、红色石蕊试纸、蓝色石蕊试纸、淀粉碘化钾试纸和品红试纸等。

(1)在使用试纸检验溶液的性质时,一般先把一小块试纸放在表面皿或玻璃片上,用沾有待测溶液的玻璃棒点试纸的中部,观察颜色的变化,判断溶液的性质。

(2)在使用试纸检验气体的性质时,一般先用蒸馏水把试纸润湿。粘在玻璃棒的一端,用玻璃棒把试纸放到盛有待测气体的试管口(注意不要接触),观察试纸的颜色变化情况来判断气体的性质。

3. 溶液的配制

(1)配制溶质质量分数一定的溶液:①计算。算出所需溶质和水的质量。把水的质量换算成体积。如溶质是液体时,要算出液体的体积。②称量。用天平称取固体溶质的质量;用量筒量取所需液体、水的体积。③溶解。将固体或液体溶质倒入烧杯里,加入所需的水,用玻璃棒搅拌使溶质完全溶解。

(2)配制一定物质的量浓度的溶液:①计算。算出固体溶质的质量或液体溶质的体积。②称量。用托盘天平称取固体溶质质量,用量筒量取所需液体溶质的体积。③溶解。将固体或液体溶质倒入烧杯中,加入适量的蒸馏水(约为所配溶液体积的 1/6),用玻璃棒搅拌使之溶解,冷却到室温后,将溶液引流注入容量瓶里。④洗涤(转移)。用适量蒸馏水将烧杯及玻璃棒洗涤 2～3 次,将洗涤液注入容量瓶。振荡,使溶液混合均匀。⑤定容。继续往容量瓶中小心地加水,直到液面接近刻度 2～3 cm 处,改用胶头滴管加水,使溶液凹面恰好与刻度相切。把容量瓶盖紧,再振荡摇匀。

4. 过滤

过滤是除去溶液里混有不溶于溶剂的杂质的方法。过滤时应注意:①一贴。将滤纸折叠好放入漏斗,加少量蒸馏水润湿,使滤纸紧贴漏斗内壁。②二低。滤纸边缘应略低于漏斗边缘,加入漏斗中液体的液面应略低于滤纸的边缘。③三靠。向漏斗中倾倒液体时,烧杯的尖嘴应与玻璃棒接触;玻璃棒的底端应和过滤器有三层滤纸处轻轻接触;漏斗颈的末端应与接收器的内壁相接触,例如用过滤法除去粗食盐中少量的泥沙。

5. 常用容器和仪器使用的注意事项

(1)能加热的仪器。

①试管,可直接加热,用试管夹夹在距试管口 1/3 处;放在试管内的液体,不加热时不超过试管容积的 1/2,加热时不超过 1/3;加热后不能骤冷,防止炸裂;加

热时试管口不应对着任何人;给固体加热时,试管要横放,管口略向下倾斜。

②烧杯,加热时应放置在石棉网上,使受热均匀;溶解物质用玻璃棒搅拌时,不能触及杯壁或杯底。

③烧瓶,可分为圆底烧瓶、平底烧瓶和蒸馏烧瓶。圆底烧瓶和蒸馏烧瓶可用于加热,加热时要垫石棉网,也可用于其他热浴(如水浴加热等);液体加入量不要超过烧瓶容积的 1/2。

④蒸发皿,可直接加热,但不能骤冷;盛液量不应超过蒸发皿容积的 2/3;取、放蒸发皿应使用坩埚钳。

⑤酒精灯,灯芯要平整;添加酒精时,不超过酒精灯容积的 2/3;酒精不少于 1/4;绝对禁止向燃着的酒精灯里添加酒精,以免失火;绝对禁止用酒精灯引燃另一只酒精灯;用完酒精灯,必须用灯帽盖灭,不可用嘴去吹;不要碰倒酒精灯,万一洒出的酒精在桌上燃烧起来,应立即用湿布扑盖。

(2)分离物质的仪器。

①漏斗,分普通漏斗、长颈漏斗、分液漏斗。普通漏斗用于过滤或向小口容器转移液体。长颈漏斗用于气体发生装置中注入液体。分液漏斗用于分离密度不同且互不相溶的不同液体,也可用于向反应器中随时加液。也用于萃取分离。

②洗气瓶,使用时要注意气体的流向,一般为"长进短出"。

③干燥管,干燥管内盛放的固体,用以洗涤气体,除去其中的水分或其他气体杂质,也可以使用"U"形管。

(3)计量仪器。

①托盘天平,用于精密度要求不高的称量,能称准到 0.1 g。所附砝码是天平上称量时恒定物质质量的标准。使用注意事项:称量前天平要放平稳,游码放在刻度尺的零处,调节天平左、右的平衡螺母,使天平平衡;称量时把称量物放在左盘,砝码放在右盘。砝码要用镊子夹取,先加质量大的砝码,再加质量小的砝码;称量干燥的固体药品应放在纸上称量;易潮解、有腐蚀性的药品(如氢氧化钠),必须放在玻璃器皿里称量;称量完毕后,应把砝码放回砝码盒中,把游码移回零处。

②量筒,不能加热和量取热的液体,不能作反应容器,不能在量筒里稀释溶液;量液时,量筒必须放平,视线要跟量筒内液体的凹液面的最低处保持水平,再读出液体体积。

③容量瓶,用于准确配制一定体积和一定浓度的溶液。使用前检查它是否漏水。用玻璃棒引流的方法将溶液转入容量瓶。使用注意事项:只能配制容量瓶上规定容积的溶液;容量瓶的容积是在 20℃时标定的,转移到瓶中的溶液的温度应在 20℃左右。

④滴定管,用于准确量取一定体积液体的仪器。带玻璃活塞的滴定管为酸式滴定管,带有内装玻璃球的橡皮管的滴定管为碱式滴定管。使用注意事项:酸式、碱式滴定管不能混用;25 mL、50 mL 滴定管的估计读数为±0.01 mL;装液前要用洗液、水依次冲洗干净,并要用待装的溶液润洗滴定管;调整液面时,应使滴管的尖嘴部分充满溶液,使液面保持在"0"或"0"以下的某一定刻度。读数时视线与管内液面的最凹点保持水平。

附录三　常用试剂的配制与保存

一、常用贮液与溶液的配制

(1)1 mol/L HCl。量取 42 mL 浓 HCl,加蒸馏水充分混匀后,最终加蒸馏水定容至 500 mL。

(2)1 mol/L NaOH。称取 40 g NaOH,加蒸馏水充分溶解后,最终加蒸馏水定容至 1 000 mL。

(3)0.02 mol/L 氨基酸标准溶液配制:

①亮氨酸(Leu)。取 130 mg 亮氨酸溶于 50 mL 1 mol/L HCl 中,充分溶解即可。

②缬氨酸(Val)。取 115 mg 缬氨酸溶于 50 mL 1 mol/L HCl 中,充分溶解即可。

③脯氨酸(Pro)。取 145 mg 脯氨酸溶于 50 mL 1 mol/L HCl 中,充分溶解即可。

④苏氨酸(Thr)。取 115 mg 苏氨酸溶于 50 mL 1 mol/L HCl 中,充分溶解即可。

⑤赖氨酸(Lys)。取 145 mg 赖氨酸溶于 50 mL 1 mol/L HCl 中,充分溶解即可。

⑥混合氨基酸。取 130 mg 亮氨酸、115 mg 缬氨酸、145 mg 脯氨酸、115 mg 苏氨酸、145 mg 赖氨酸,溶于 50 mL 1 mol/L HCl 中,充分溶解即可。

(4)0.1% 水合茚三酮显色剂。

①水饱和的正丁醇溶液:用分液漏斗将正丁醇和蒸馏水按体积比 1:1 混合,剧烈振荡、静置,待分层无明显气泡时放掉下层蒸馏水溶液,即得上层水饱和正丁醇溶液。

②称取 1 g 茚三酮溶于 1 000 mL 水饱和的正丁醇溶液中,混匀即可。需避光

保存。

(5)0.1 mol/L Tris 缓冲物(pH 8.0,内含 0.4% CaCl$_2$):称取 4 g CaCl$_2$ 与 12.114 g Tris 前后依次混于蒸馏水中充分溶解,溶解完全后,用浓 HCl 调 pH 到 8.0,最终加蒸馏水定容至 1 000 mL。

(6)1 mol/L BAPNA 溶液。称取 0.174 g BAPNA 加入 350 mL 蒸馏水,放置在 90℃ 水浴锅中加热溶解,溶解完全后室温自然冷却,最终加蒸馏水定容至 400 mL。4℃ 保存备用。

(7)20 mg/mL 胰蛋白酶液。

①配制 0.001 mol/L HCl 溶液。量取 0.2 mL 1 mol/L HCl,加蒸馏水定容至 200 mL。

②称取 4 g 胰蛋白酶,融入 200 mL 0.001 mol/L HCl 溶液中,混合均匀即可。4℃ 保存过夜较佳。(**注意:如胰蛋白酶不纯溶解度不高。**)

(8)60% 的冰乙酸。量取 480 mL 冰乙酸溶液,加蒸馏水定容至 800 mL,充分混匀。需在通风橱内配制、分装。

(9)1% 淀粉溶液(含 0.3% NaCl)。将 12 g 可溶性淀粉、3.6 g 氯化钠依次混于 100 mL 蒸馏水中,搅拌后缓慢倒入 700 mL 的沸腾的蒸馏水中,搅拌并煮沸 1 min,凉至室温后加蒸馏水至 1 200 mL。

(10)3 mol/L H$_2$SO$_4$ 溶液。将 333 mL 浓硫酸溶液缓慢倒入 1 000 mL 蒸馏水中并用玻璃棒搅拌,最终加蒸馏水定容至 2 000 mL。需在通风橱内配置、分装。

(11)0.3 mol/L 硝酸银溶液。称取 50.961 g 硝酸银加蒸馏水充分溶解后,最终加蒸馏水定容至 1 000 mL。需避光保存。

(12)定磷试剂。临用前按如下体积配制:①:②:③:水=1:1:1:2。

①17% H$_2$SO$_4$。量取 8.5 mL 浓 H$_2$SO$_4$ 缓缓加到 41.5 mL 蒸馏水中。

②5% 钼酸铵。称取 2.5 g 钼酸铵固体加蒸馏水溶解,充分溶解后,最终加蒸馏水定容至 50 mL。

③10% 抗坏血酸。称取 5 g 抗坏血酸加蒸馏水溶解,充分溶解后,最终加蒸馏水定容至 50 mL。需避光保存。

(13)SDS-PAGE 分离胶和浓缩胶配方表。

①40% ACR/BIS 母液的配制。分别称取 38 g 的丙烯酰胺和 2 g 的甲叉双丙烯酰胺溶于 70 mL 的双蒸水溶液中,待充分溶解后,加蒸馏水定容至 100 mL。4℃ 避光保存备用。

②配制不同浓度体积的分离胶溶液,见附表 1。

附表 1

分离胶浓度	各组分名称及浓度	各种凝胶体积所对应的各组分的取样量/mL			
		5	7	8	10
6%	H$_2$O	2.85	3.99	4.56	5.7
	40% ACR/BIS	0.75	1.05	1.2	1.5
	1.5 mol/L Tris-HCl(pH 8.8)	1.3	1.82	2.08	2.6
	10% SDS	0.05	0.07	0.08	0.1
	10% AP(过硫酸铵)	0.05	0.07	0.08	0.1
	TEMED	0.004	0.005 6	0.006 4	0.008
8%	H$_2$O	2.6	3.64	4.16	5.2
	40% ACR/BIS	1	1.4	1.6	2
	1.5 mol/L Tris-HCl(pH 8.8)	1.3	1.82	2.08	2.6
	10% SDS	0.05	0.07	0.08	0.1
	10% AP(过硫酸铵)	0.05	0.07	0.08	0.1
	TEMED	0.003	0.004 2	0.004 8	0.006
10%	H$_2$O	2.35	3.29	3.76	4.7
	40% ACR/BIS	1.25	1.75	2	2.5
	1.5 mol/L Tris-HCl(pH 8.8)	1.3	1.82	2.08	2.6
	10% SDS	0.05	0.07	0.08	0.1
	10% AP(过硫酸铵)	0.05	0.07	0.08	0.1
	TEMED	0.002	0.002 8	0.003 2	0.004
12%	H$_2$O	2.1	2.94	3.36	4.2
	40% ACR/BIS	1.5	2.1	2.4	3
	1.5 mol/L Tris-HCl(pH 8.8)	1.3	1.82	2.08	2.6
	10% SDS	0.05	0.07	0.08	0.1
	10% AP(过硫酸铵)	0.05	0.07	0.08	0.1
	TEMED	0.002	0.002 8	0.003 2	0.004
15%	H$_2$O	1.725	2.415	2.76	3.45
	40% ACR/BIS	1.875	2.625	3	3.75
	1.5 mol/L Tris-HCl(pH 8.8)	1.3	1.82	2.08	2.6
	10% SDS	0.05	0.07	0.08	0.1
	10% AP(过硫酸铵)	0.05	0.07	0.08	0.1
	TEMED	0.002	0.002 8	0.003 2	0.004

③配制不同体积的 5% 的浓缩胶溶液,见附表 2。

附表 2

各组分及浓度	各种凝胶体积所对应的各组分的取样量/mL			
	2.02	4.04	6	8.08
H_2O	1.48	2.96	4.44	5.92
40% ACR/BIS	0.25	0.50	0.75	1
1.0 mol/L Tris-HCl(pH 6.8)	0.25	0.50	0.75	1
10% SDS	0.02	0.04	0.06	0.08
10% AP(过硫酸铵)	0.02	0.04	0.06	0.08
TEMED	0.002	0.004	0.006	0.008

二、常用缓冲液的配制

1.0.2 mol/L 磷酸氢二钠-磷酸二氢钠缓冲液(附表 3)

母液配制如下:

(1)0.2 mol/L Na_2HPO_4。称取 28.40 g Na_2HPO_4 加蒸馏水充分溶解定容至 1 000 mL。

(2)0.2 mol/L NaH_2PO_4。称取 27.6 g $NaH_2PO_4 \cdot H_2O$ 加蒸馏水充分溶解定容至 1 000 mL。

附表 3

pH	0.2 mol/L Na_2HPO_4	0.2 mol/L NaH_2PO_4	pH	0.2 mol/L Na_2HPO_4	0.2 mol/L NaH_2PO_4
5.8	8.0	92.0	7.0	61.0	39.0
5.9	10.0	90.0	7.1	67.0	33.0
6.0	12.3	87.7	7.2	72.0	28.0
6.1	15.0	85.0	7.3	77.0	23.0
6.2	18.5	81.5	7.4	81.0	19.0
6.3	22.5	77.5	7.5	84.0	16.0
6.4	26.5	73.5	7.6	87.0	13.0
6.5	31.5	68.5	7.7	89.5	10.5
6.6	37.5	62.5	7.8	91.5	8.5
6.7	43.5	56.5	7.9	93.0	7.0
6.8	49.0	51.0	8.0	94.7	5.3
6.9	55.0	45.0			

2. 磷酸氢二钠-柠檬酸缓冲液(附表 4)

母液配制如下：

(1) 0.2 mol/L Na_2HPO_4 溶液。称取 28.40 g Na_2HPO_4，或 35.61 g $Na_2HPO_4 \cdot 2H_2O$，或 53.65 g $Na_2HPO_4 \cdot 7H_2O$，加蒸馏水充分溶解后，最终定容至 1 000 mL。

(2) 0.2 mol/L 柠檬酸。称取 21.01 g $C_6H_8O_7 \cdot H_2O$，加蒸馏水充分溶解后，最终定容至 1 000 mL。

附表 4

pH	0.2 mol/L Na_2HPO_4	0.2 mol/L 柠檬酸	pH	0.2 mol/L Na_2HPO_4	0.2 mol/L 柠檬酸
2.2	0.40	19.60	5.2	10.72	9.82
2.4	1.24	18.76	5.4	11.15	8.85
2.6	2.18	17.82	5.6	11.60	8.40
2.8	3.17	16.83	5.8	12.09	7.91
3.0	4.11	15.89	6.0	12.63	7.37
3.2	4.94	15.06	6.2	13.22	6.78
3.4	5.70	14.30	6.4	13.85	6.15
3.6	6.44	13.56	6.6	14.55	5.45
3.8	7.10	12.90	6.8	15.45	4.55
4.0	7.71	12.29	7.0	16.47	3.53
4.2	8.28	11.72	7.2	17.39	2.61
4.4	8.82	11.18	7.4	18.17	1.83
4.6	9.35	10.65	7.6	18.73	1.27
4.8	9.86	10.14	7.8	19.15	0.85
5.0	10.30	9.70	8.0	19.45	0.55

3. 1/15 mol/L 磷酸氢二钠-磷酸二氢钾缓冲液(附表 5)

母液配制如下：

(1) 1/15 mol/L Na_2HPO_4 溶液。称取 211.87 g $Na_2HPO_4 \cdot 2H_2O$，加蒸馏水充分溶解后，最终定容至 1 000 mL。

(2) 1/15 mol/L KH_2PO_4 溶液。称取 9.078 g NaH_2PO_4，加蒸馏水充分溶解后，最终定容至 1 000 mL。

附表 5

pH	1/15 mol/L Na₂HPO₄	1/15 mol/L KH₂PO₄	pH	1/15 mol/L Na₂HPO₄	1/15 mol/L KH₂PO₄
4.92	0.10	9.90	7.17	7.00	3.00
5.29	0.50	9.50	7.38	8.00	2.00
5.91	1.00	9.00	7.73	9.00	1.00
6.24	2.00	8.00	8.04	9.50	0.50
6.47	3.00	7.00	8.34	9.75	0.25
6.64	4.00	6.00	8.67	9.90	0.10
6.81	5.00	5.00	8.18	10.00	0
6.98	6.00	4.00			

4.0.2 mol/L 乙酸-乙酸钠缓冲液

母液配制如下（附表6）：

（1）0.2 mol/L HAc 溶液。量取 11.55 mL 醋酸溶液，加蒸馏水定容至 1 000 mL。

（2）0.2 mol/L NaAc 溶液。称取 16.4 g NaAc，或 27.22 g NaAc·3H₂O，加蒸馏水充分溶解后，最终定容至 1 000 mL。

附表 6

pH	0.2 mol/L HAc	0.2 mol/L NaAc	pH	0.2 mol/L HAc	0.2 mol/L NaAc
3.6	9.25	0.75	4.8	4.10	5.90
3.8	8.80	1.20	5.0	3.00	7.00
4.0	8.20	1.80	5.2	2.10	7.90
4.2	7.35	2.65	5.4	1.40	8.60
4.4	6.30	3.70	5.6	0.90	9.10
4.6	5.10	4.90	5.8	0.60	9.40

5. 巴比妥钠-盐酸缓冲液

母液配制如下（附表7）：

（1）0.04 mol/L 巴比妥钠溶液。称取 8.25 g 巴比妥钠，加蒸馏水充分溶解后，最终定容至 1 000 mL。

(2)0.2 mol/L 盐酸溶液。量取 18 mL 浓盐酸,加蒸馏水定容至 1 000 mL。

附表7

pH	0.04 mol/L 巴比妥钠	0.2 mol/L 盐酸	pH	0.04 mol/L 巴比妥钠	0.2 mol/L 盐酸
6.8	100	18.4	8.4	100	5.21
7.0	100	17.8	8.6	100	3.82
7.2	100	16.7	8.8	100	2.52
7.4	100	15.3	9.0	100	1.65
7.6	100	13.4	9.2	100	1.13
7.8	100	11.47	9.4	100	0.70
8.0	100	9.39	9.6	100	0.35
8.2	100	7.21			

6.0.05 mol/L Tris-盐酸缓冲液

母液配制如下(附表8):

(1)0.1 mol/L Tris 溶液。称取 12.1 g Tris,加蒸馏水充分溶解后,最终定容至 1 000 mL。

(2)0.1 mol/L 盐酸溶液。量取 9 mL 浓盐酸,加蒸馏水定容至 1 000 mL。

50 mL 0.1 mol/L Tris 溶液与 X mL 0.1 mol/L 盐酸溶液混匀后,加蒸馏水定容至 100 mL。

附表8

pH	0.1 mol/L 盐酸	pH	0.1 mol/L 盐酸
7.10	45.7	8.10	26.2
7.20	44.7	8.20	22.9
7.30	43.4	8.30	19.9
7.40	42.0	8.40	17.2
7.50	40.3	8.50	14.7
7.60	38.5	8.60	12.4
7.70	36.6	8.70	10.3
7.80	34.5	8.80	8.5
7.90	32.0	8.90	7.0
8.00	29.2	9.00	5.7

7.0.05 mol/L 氯化钾-盐酸缓冲液

母液配制如下(附表9):

(1)0.2 mol/L 氯化钾溶液。称取 14.919 g 氯化钾,加蒸馏水充分溶解后,最终定容至 1 000 mL。

(2)0.2 mol/L 盐酸溶液。量取 18 mL 浓盐酸,加蒸馏水定容至 1 000 mL。

25 mL 0.2 mol/L 氯化钾溶液与 X mL 0.2 mol/L 盐酸溶液混匀后,加蒸馏水定容至 100 mL。

附表 9

pH	0.2 mol/L 盐酸	pH	0.2 mol/L 盐酸
1.0	67.0	1.7	13.0
1.1	52.8	1.8	10.2
1.2	42.5	1.9	8.1
1.3	33.6	2.0	6.5
1.4	26.6	2.1	5.1
1.5	20.7	2.2	3.9
1.6	16.2		

8.0.1 mol/L 柠檬酸-柠檬酸三钠缓冲液

母液配制如下(附表10):

(1)0.1 mol/L 柠檬酸溶液。称取 21.01 g $C_6H_8O_7 \cdot H_2O$,加蒸馏水充分溶解后,最终定容至 1 000 mL。

(2)0.1 mol/L 柠檬酸三钠溶液。称取 29.4 g $C_6H_5Na_3O_7 \cdot 2H_2O$,加蒸馏水充分溶解后,最终定容至 1 000 mL。

附表 10

pH	0.1 mol/L 柠檬酸	0.1 mol/L 柠檬酸三钠	pH	0.1 mol/L 柠檬酸	0.1 mol/L 柠檬酸三钠
3.0	82.0	18.0	4.8	40.0	60.0
3.2	77.5	22.5	5.0	35.0	65.0
3.4	73.0	27.0	5.2	30.0	69.5
3.6	68.5	31.5	5.4	25.5	74.5
3.8	63.5	36.5	5.6	21.0	79.0
4.0	59.0	41.0	5.8	16.0	84.0
4.2	54.0	46.0	6.0	11.0	88.5
4.4	49.5	50.5	6.2	8.5	92.0
4.6	44.5	55.5			

9. 酸度计标准缓冲液

(1)pH 4.0 缓冲溶液(0.05 mol/L 邻苯二甲酸氢钾溶液)。称取先在(115±5)℃下烘干 2~3 h 的邻苯二甲酸氢钾 10.12 g,加蒸馏水充分溶解后,最终定容至 1 000 mL。

(2)pH 7.0 缓冲溶液(0.025 mol/L 磷酸二氢钾和 0.025 mol/L 磷酸氢二钠混合溶液)。分别称取先在(115±5)℃下烘干 2~3 h 的磷酸氢二钠 3.53 g 和磷酸二氢钾 3.39 g,加蒸馏水充分溶解后,最终定容至 1 000 mL。所用蒸馏水应预先煮沸 15~30 min。

(3)pH 9.0 缓冲溶液(0.01 mol/L 四硼酸钠溶液):称取 3.80 g 四硼酸钠(**注意:不能烘!**),加蒸馏水充分溶解后,最终定容至 1 000 mL。所用蒸馏水应预先煮沸 15~30 min。

附录四　实验室常用数据表

1. 常用市售酸碱的浓度(附表 11)

附表 11　常用市售酸碱浓度表

溶质	分子式	Mr	浓度 /(mol/L)	质量体积分数 /(g/L)	重量百分比 /%	体积质量 /(kg/L)	配置 1 mol/L 溶液时加入的量 /(mL/L)
盐酸	HCl	36.5	11.6	424	36	1.18	86.2
			2.9	105	10	1.05	344.8
甲酸	HCOOH	46.02	23.4	1080	90	1.20	42.7
冰乙酸	CH₃COOH	60.05	17.4	1045	99.5	1.05	57.5
			6.27	376	36	1.045	159.5
硝酸	HNO₃	63.02	15.99	1 008	71	1.42	62.5
			14.9	938	67	1.40	67.1
			13.3	837	61	1.37	75.2
高氯酸	HClO₄	100.5	11.65	1 172	70	1.67	85.8
			9.2	923	60	1.54	108.7
磷酸	H₃PO₄	80.0	18.1	1 445	85	1.70	55.2

续附表 11

溶质	分子式	Mr	浓度 /(mol/L)	质量体积分数 /(g/L)	重量百分比 /%	体积质量 /(kg/L)	配置 1 mol/L 溶液时加入的量 /(mL/L)
硫酸	H_2SO_4	98.1	18.0	1 766	96	1.84	55.6
氢氧化铵	NH_4OH	35.0	14.8	251	28	0.898	67.6
氢氧化钾	KOH	56.1	13.5	757	50	1.52	74.1
			1.94	109	10	1.09	515.5
氢氧化钠	$NaOH$	40.0	19.1	763	50	1.53	52.4
			2.75	11	10	1.11	363.6

2. 一些常用化合物的溶解度(20℃)(附表 12)

附表 12

名称	分子式	溶解度	名称	分子式	溶解度
硝酸银	$AgNO_3$	218	硝酸钾	KNO_3	31.6
硫酸铝	$Al_2(SO_4)_3 \cdot 18H_2O$	36.4	氢氧化钾	$KOH \cdot 2H_2O$	112
氯化钡	$BaCl_2$	35.7	硫酸锂	Li_2SO_4	34.2
氢氧化钡	$Ba(OH)_2$	3.84	硫酸镁	$MgSO_4 \cdot 7H_2O$	26.2
氯化钙	$CaCl_2$	74.5	草酸铵	$(NH_4)_2C_2O_4$	4.4
乙酸钙	$Ca(C_2H_3O_2)_2 \cdot 2H_2O$	34.7	氯化铵	NH_4Cl	37.2
氢氧化钙	$Ca(OH)_2$	0.165	硫酸铵	$(NH_4)_2SO_4$	75.4
硫酸铜	$CuSO_4$	20.7	硼砂	$Ba_2B_4O_7 \cdot 10H_2O$	2.7
三氯化铁	$FeCl_3$	91.9	乙酸钠	$NaC_2H_3O_2 \cdot 3H_2O$	46.5
硫酸亚铁	$FeSO_4 \cdot 7H_2O$	26.5		$NaC_2H_3O_2$	123.5
氯化汞	$HgCl_2$	6.6	氯化钠	$NaCl$	36.0
碘	I_2	0.029	氢氧化钠	$NaOH$	109.0
溴化钾	KBr	65.8	碳酸钠	$Na_2CO_3 \cdot 10H_2O$	21.5
氯化钾	KCl	34.0		$Na_2CO_3 \cdot H_2O$	50.5
碘化钾	KI	144	碳酸氢钠	$NaHCO_3$	9.6
重铬酸钾	$K_2Cr_2O_7$	13.1	磷酸氢二钠	$Na_2HPO_4 \cdot 12H_2O$	7.7
碘酸钾	KIO_3	8.13	硫代硫酸钠	$Na_2S_2O_3$	70.0
高锰酸钾	$KMnO_4$	6.4			

注:表中数值表示每 100 g 水中所含溶质的克数。凡不是在 20℃时的溶解度,都在溶解度数据的后面注明温度。

3. 硫酸铵溶液饱和度计算表(25℃)(附表 13)

附表 13

初\终	硫酸铵终浓度(%饱和度)																
	10	20	25	30	33	35	40	45	50	55	60	65	70	75	80	90	100
每升溶液加固体硫酸铵的克数																	
0	56	114	144	176	196	209	243	277	313	351	390	430	472	516	561	662	767
10		57	86	118	137	150	183	216	251	288	326	365	406	449	494	592	694
20			29	59	78	91	123	155	189	225	262	300	340	382	424	520	619
25				30	49	61	93	125	158	193	230	267	307	348	390	485	583
30					19	30	62	94	127	162	198	235	273	314	356	449	546
33						12	43	74	107	142	177	214	252	292	333	426	522
35							31	63	94	129	164	200	238	278	319	411	506
40								31	63	97	132	168	205	245	285	375	469
45									32	65	99	134	171	210	250	339	431
50										33	66	101	137	176	214	302	392
55											33	67	103	141	179	264	353
60												34	69	105	143	227	314
65													34	70	107	190	275
70														35	72	153	237
75															36	115	198
80																77	157
90																	79

硫酸铵初浓度(%饱和度)

4. 常用固态酸、碱、盐的物质的量浓度配制参考表(附表 14)

附表 14

名称	化学式	Mr	物质的量浓度/ (mol/L)	配 1 L 1 mol/L 溶 液所需量/(g/L)
草酸	$H_2C_2O_4 \cdot 2H_2O$	126.08	1.0	63.04
柠檬酸	$H_3C_6H_5O_7 \cdot H_2O$	210.14	0.1	7.00
氢氧化钾	KOH	56.10	5.0	280.50
氢氧化钠	NaOH	40.00	1.0	40.00
碳酸钠	Na_2CO_3	106.00	0.5	53.00
磷酸氢二钠	$Na_2HPO_4 \cdot 12H_2O$	359.20	1.0	358.20
磷酸二氢钾	KH_2PO_4	136.10	1/15	9.08
重铬酸钾	$K_2Cr_2O_7$	294.20	1/60	4.9035
碘化钾	KI	166.00	0.5	83.00
高锰酸钾	$KMnO_4$	159.00	0.05	3.16
乙酸钠	$NaC_2H_3O_2$	82.04	1.0	82.04
硫代硫酸钠	$Na_2S_2O_3 \cdot 5H_2O$	248.20	0.1	24.82

附录五　分子生物学与基因工程
常用试剂及数据表

一、常用贮液与溶液

(1)1 mol/L 亚精胺:将 2.55 g 亚精胺溶解于足量的蒸馏水中,使终体积为 10 mL。分装成小份贮存于-20℃。

(2)1 mol/L 精胺:将 3.48 g 精胺溶解于足量的蒸馏水中,使终体积为 10 mL。分装成小份贮存于-20℃。

(3)10 mol/L 乙酸胺:将 77.1 g 乙酸胺溶解于蒸馏水中,加蒸馏水定容至 1 L 后,用 0.22 μm 孔径的滤膜过滤除菌。

(4)10 mg/mL 牛血清蛋白(BSA):加 100 mg 的牛血清蛋白(组分 V 或分子

生物学试剂级，无 DNA 酶)于 9.5 mL 蒸馏水中(为减少变性，须将蛋白加入蒸馏水中，而不是将蒸馏水加入蛋白中)，盖好盖后，轻轻摇动，直至牛血清蛋白完全溶解为止。不要涡旋混合。加水定容到 10 mL，然后分装成小份贮存于 −20℃。

(5)1 mol/L 二硫苏糖醇(DTT)：在二硫苏糖醇 5 g 的原装瓶中加 32.4 mL水，分成小份贮存于 −20℃。或转移 100 mg 的二硫苏糖醇至微量离心管，加 0.65 mL 的蒸馏水配制成 1 mol/L 二硫苏糖醇溶液。

(6)8 mol/L 乙酸钾：将 78.5 g 乙酸钾溶解于足量的蒸馏水中，加蒸馏水定容到 100 mL。

(7)1 mol/L 氯化钾：将 7.46 g 氯化钾溶解于足量的蒸馏水中，加蒸馏水定容到 100 mL。

(8)3 mol/L 乙酸钠：将 40.8 g 三水乙酸钠溶解于约 90 mL 蒸馏水中，用冰乙酸调溶液的 pH 至 5.2，再加水定容到 100 mL。

(9)0.5 mol/L EDTA：称取 186.1 g $Na_2EDTA \cdot 2H_2O$ 和 20 g 的 NaOH，并溶于蒸馏水中，定容至 1 L。

(10)1 mol/L 4-羟乙基哌嗪乙磺酸(HEPES)：将 23.8 g HEPES 溶于约 90 mL 的蒸馏水中，用 NaOH 调 pH 至 6.8～8.2，然后用水定容至 100 mL。

(11)25 mg/mL IPGT(异丙基硫代-β-D-半乳糖苷)：将 250 mg IPGT 溶解于 10 mL 蒸馏水中，分成小份贮存于 −20℃。

(12)1 mol/L $MgCl_2$：将 20.3 g $MgCl_2 \cdot 6H_2O$ 溶解于足量的蒸馏水中，定容到 100 mL。

(13)100 mmol/L PMSF(苯甲基磺酰氟)：将 174 mg 的 PMSF 溶解于足量的异丙醇中，定容到 10 mL。分成小份并用铝箔将装液管包裹或贮存于 −20℃。

(14)20 mg/mL 蛋白酶 K(proteinase K)：将 200 mg 的蛋白酶 K 加到 9.5 mL 蒸馏水中，轻轻摇动，直至蛋白酶 K 完全溶解。不要涡旋混合。加水定容到 10 mL，然后分装成小份贮存于 −20℃。

(15)10 mg/mL RNase(无 DNase)：将 10 mg RNA 酶溶解于 1 mL 的 10 mmol/L 的乙酸钠水溶液(pH 5.0)中。溶解后于水浴中煮沸 15 min，使 DNA 酶失活。再用 1 mol/L 的 Tris-HCl 溶液调 pH 至 7.5，于 −20℃贮存(配制过程中要戴手套)。

(16)10% SDS(十二烷基磺酸钠)：称取 100 g SDS 慢慢转移到约含 0.9 L 蒸馏水的烧杯中，用磁力搅拌器搅拌直至完全溶解。最终用水定容至 1 L。

(17)2 mol/L 山梨(糖)醇：将 36.4 g 山梨(糖)醇溶解于足量蒸馏水中使终体积为 100 mL。

(18)2.5% X-gal(5-溴-4-氯-3-吲哚-β-半乳糖苷)：将 25 mg 的 X-gal 溶解于 1 mL 的二甲基甲酰胺(DMF)中，用铝箔包裹装液管，贮存于−20℃。

(19)0.1%DEPC(焦碳酸二乙酯)处理水：加 100 μL DEPC 于 100 mL 水中，在 37℃温浴至少 12 h，然后在 15 psi(磅/平方英寸)条件下高压灭菌 20 min，以使残余的 DEPC 失活。

(20)TE 缓冲溶液(10 mmol/L Tris-HCl pH＝8.0；1 mmol/L EDTA)：分别量取 1 mL 1 mol/L Tris-HCl 溶液和 0.1 mL 1 mol/L EDTA 溶液，混匀后加蒸馏水定容至 10 mL。

(21)CTAB 缓冲溶液(100 mmol/L Tris-HCl pH 8.0；20 mmol/L EDTA；0.5 mol/L NaCl；20% CTAB)。

①1 mol/L Tris-HCl(pH＝8.0)。称取 15.7 g Tris 溶解于 50 mL 水中，再用 HCl 调节 pH 至 8.0，最后加水定容至 100 mL。

②0.5 mol/L EDTA(pH＝8.0)。取 3.724 g EDTA 溶于 15 mL 水中，用 NaOH 调节 pH 至 8.0，最后加水定容至 20 mL。

③5 mol/L NaCl。称取 29.3 g NaCl 加水溶解最后定容至 100 mL。

④20% CTAB。称取 12 g CTAB 加水溶解最后定容至 30 mL。

分别取样①30 mL；②12 mL；③30 mL；④30 mL，将上述 4 种溶液混合均匀后加水定容至 300 mL，高压灭菌。

(22)10% 过硫酸铵(AP)：将 0.1 g 过硫酸铵溶解于 1 mL 蒸馏水中，该溶液可在 4℃保存数周，建议现用现配。

(23)10 mg/mL 溴化乙锭(EB)：戴好乳胶手套，称取 100 mg EB，加入 10 mL 水，磁力搅拌数小时，使充分溶解，转移至棕色瓶内，4℃保存备用。

二、电泳缓冲液、燃料和凝胶上样缓冲液

(1)50×Tris-乙酸(TAE)缓冲液：用时稀释 50 倍。

成分及终浓度	配制 1 L 溶液各成分的用量
2 mol/L Tris	242 g
1 mol/L 冰乙酸	57.1 mL 的冰乙酸
100 mmol/L EDTA	200 mL 的 0.5 mol/L EDTA(pH 8.0)
蒸馏水	补足至 1 L

(2)5×Tris-硼酸(TBE)缓冲液：用时稀释5倍。

成分及终浓度	配制1 L溶液各成分的用量
445 mmol/L Tris	54 g
445 mmol/L 硼酸	27.5 g
10 mmol/L EDTA	20 mL 的 0.5 mol/L EDTA(pH 8.0)
蒸馏水	补足至1 L

(3)5×Tris-甘氨酸缓冲液：用时稀释5倍。

成分及终浓度	配制1 L溶液各成分的用量
Tris	15.1 g
甘氨酸	94 g(电泳级)(pH 8.3)
SDS	5 g
蒸馏水	补足至1 L

(4)6×碱性凝胶上样缓冲液(室温贮存)。

成分及终浓度	配制10 mL溶液各成分的用量
0.3 mol/L 氢氧化钠	300 μL 10 mol/L 氢氧化钠
6 mmol/L EDTA	120 μL 0.5 mol/L EDTA(pH 8.0)
18%聚蔗糖(400 型)	1.8 g
0.15%溴甲酚绿	1.5 mL 1%溴酚蓝
0.25%二甲苯青 FF	25 mg
蒸馏水	补足至10 mL

(5)6×聚蔗糖凝胶上样缓冲液(室温贮存)。

成分及终浓度	配制10 mL溶液各成分的用量
0.15%溴酚蓝	1.5 mL 1%溴酚蓝
0.15%二甲苯青 FF	1.5 mL 1%二甲苯青 FF
5 mmol/L EDTA	100 μL 0.5 mol/L EDTA(pH 8.0)
15%聚蔗糖(400 型)	1.5 g
蒸馏水	补足至10 mL

(6)6×溴酚蓝/二甲苯青/聚蔗糖凝胶上样缓冲液(室温贮存)。

成分及终浓度	配制 10 mL 溶液各成分的用量
0.25%溴酚蓝	2.5 mL 1%溴酚蓝
0.25%二甲苯青 FF	2.5 mL 1%二甲苯青 FF
15%聚蔗糖(400 型)	1.5 g
蒸馏水	补足至 10 mL

(7)6×甘油凝胶上样缓冲液(4℃贮存)。

成分及终浓度	配制 10 mL 溶液各成分的用量
0.15%溴酚蓝	1.5 mL 1%溴酚蓝
0.15%二甲苯青 FF	1.5 mL 1%二甲苯青 FF
5 mmol/L EDTA	100 μL 0.5 mol/L EDTA(pH 8.0)
50%甘油	3 mL
蒸馏水	补足至 10 mL

(8)6×蔗糖凝胶上样缓冲液(室温贮存)。

成分及终浓度	配制 10 mL 溶液各成分的用量
0.15%溴酚蓝	1.5 mL 1%溴酚蓝
0.15%二甲苯青 FF	1.5 mL 1%二甲苯青 FF
5 mmol/L EDTA	100 μL 0.5 mol/L EDTA(pH 8.0)
40%聚蔗糖(400 型)	4 g
蒸馏水	补足至 10 mL

(9)6×十二烷基磺酸钠/甘油凝胶上样缓冲液(室温贮存)。

成分及终浓度	配制 10 mL 溶液各成分的用量
0.2%溴酚蓝	20 mg
0.2%二甲苯青 FF	20 mg
200 mmol/L EDTA	4 mL 0.5 mol/L EDTA(pH 8.0)
0.1% SDS	100 μL 10% SDS
50%甘油	5 mL
蒸馏水	补足至 10 mL

三、常用培养基

(1)LB培养基:将下列组分溶解在0.8 L蒸馏水中:

蛋白胨	10 g
酵母提取物	5 g
氯化钠	10 g

再用1 mol/L NaOH调整pH至7.0,补足蒸馏水至1 L(**注意:琼脂平板需添加琼脂粉12 g/L**)。

(2)SOB培养基:将下列组分溶解在0.8 L蒸馏水中:

蛋白胨	20 g
酵母提取物	5 g
氯化钠	0.5 g
1 mol/L 氯化钾	2.5 mL

用水补足体积到1 L。分成100 mL的小份,高压灭菌。培养基冷却到室温后,再在每100 mL的小份中加1 mL灭菌的1 mol/L氯化镁。

(3)SOC培养基:成分、方法同SOB培养基的配制,只是在培养基冷却到室温后,除了在每100 mL的小份中加1 mL灭过菌的1 mol/L氯化镁外,再加2 mL灭菌的1 mol/L葡萄糖(18 g葡萄糖溶于足够水中,再用水补足到100 mL,用0.22 μm的滤膜过滤除菌)。

(4)TB培养基:将下列组分溶解在0.8 L蒸馏水中:

蛋白胨	12 g
酵母提取物	24 g
甘油	4 mL

各组分溶解后进行高压灭菌。冷却到60℃后,再加入100 mL灭菌的170 mmol/L KH_2PO_4/ 0.72 mol/L K_2HPO_4 的溶液(2.31 g的KH_2PO_4和12.54 g K_2HPO_4溶在足量的蒸馏水中,使终体积为100 mL。高压灭菌或用0.22 μm的滤膜过滤除菌)。

(5)2×YT培养基:将下列组分溶解在0.8 L水中:

蛋白胨	16 g
酵母提取物	10 g
氯化钠	5 g

用 1 mol/L NaOH 调整 pH 至 7.0,再补足蒸馏水至 1 L。琼脂平板需添加琼脂粉 12 g/L。

(6)YPD 培养基:将下列组分溶解在 0.8 L 水中:

蛋白胨	20 g
酵母提取物	10 g
葡萄糖	20 g

用水补足体积为 1 L 后,高压灭菌。建议在高压灭菌之前,对色氨酸营养缺陷型每升培养基添加 1.6 g 色氨酸,因为 YPD 培养基是色氨酸限制型培养基。为了配制平板,需要在高压灭菌前加入 20 g 琼脂粉。

(7)YEB 培养基:将下列组分溶解在 0.8 L 水中:

牛肉浸膏	5 g
酵母膏	1 g
蛋白胨	5 g
蔗糖	5 g
$MgSO_4 \cdot 7H_2O$	4 g

用 1 mol/L NaOH 调整 pH 至 7.4,再补足蒸馏水至 1 L。琼脂平板需添加琼脂粉 12 g/L。

四、常用抗生素

(1)100 mg/mL 氨苄青霉素(ampicillin):将 1 g 氨苄青霉素钠盐溶解于足量的蒸馏水中,最后定容至 10 mL。分装成小份于 $-20\,^{\circ}\mathrm{C}$ 贮存。常以 $25 \sim 50~\mu g/mL$ 的终浓度添加于生长培养基中。

(2)50 mg/mL 羧苄青霉素(carbenicillin):将 0.5 g 羧苄青霉素二钠盐溶解于足量的蒸馏水中,最后定容至 10 mL。分装成小份于 $-20\,^{\circ}\mathrm{C}$ 贮存。常以 $25 \sim 50~\mu g/mL$ 的终浓度添加于生长培养基。

(3)100 mg/mL 甲氧西林(methicillin):将 1 g 甲氧西林钠溶解于足量的蒸馏水中,最后定容至 10 mL。分装成小份于 $-20\,^{\circ}\mathrm{C}$ 贮存。常以 $37.5~\mu g/mL$ 终浓度与 $100~\mu g/mL$ 氨苄青霉素一起添加于生长培养基。

(4)10 mg/mL 卡那霉素(kanamycin):将 100 mg 卡那霉素溶解于足量的蒸馏水中,最后定容至 10 mL。分装成小份于 $-20\,^{\circ}\mathrm{C}$ 贮存。常以 $10 \sim 50~\mu g/mL$ 的终浓度添加于生长培养基。

(5)25 mg/mL 氯霉素(chloramphenicol)：将 250 mg 氯霉素溶解于足量的无水乙醇中，最后定容至 10 mL。分装成小份于 −20℃贮存。常以 12.5～25 μg/mL 的终浓度添加于生长培养基。

(6)50 mg/mL 链霉素(streptomycin)：将 0.5 g 链霉素硫酸盐溶解于足量的无水乙醇中，最后定容至 10 mL。分装成小份于 −20℃贮存。常以 10～50 μg/mL 的终浓度添加于生长培养基。

(7)5 mg/mL 萘啶酮酸(nalidixic acid)：将 50 mg 萘啶酮酸钠盐溶解于足量的蒸馏水中，最后定容至 10 mL。分装成小份于 −20℃贮存。常以 15 μg/mL 的终浓度添加于生长培养基。

(8)10 mg/mL 四环素(tetracycline)：将 100 mg 四环素盐酸盐溶解于足量的蒸馏水中，或者将无碱的四环素溶于无水乙醇，定容至 10 mL。分装成小份用铝箔包裹装液管以免溶液见光，于 −20℃贮存。常以 10～50 μg/mL 的终浓度添加于生长培养基。

五、核酸及蛋白常用数据

1. 核苷三磷酸的物理常数(附表 15)

附表 15

化合物	分子质量	λ_{max}(pH 7.0)	1 mol 溶液(pH 7.0)中 λ_{max} 的最大吸收值	A_{280}/A_{260}
ATP	507	259	15 400	0.15
CTP	483	271	9 000	0.97
GTP	523	253	13 700	0.66
UTP	484	262	10 000	0.38
dATP	494	259	15 200	0.15
dCTP	467	271	9 300	0.98
dGTP	507	253	13 700	0.66
dTTP	482	267	9 600	0.71

2. 常用核酸的长度与分子质量(附表 16)

附表 16

核酸	核苷酸	分子质量
λDNA	48 502(双链环状)	3.0×10^7
pBR322	4 363(双链)	2.8×10^6
28S rRNA	4 800	1.6×10^6
23S rRNA	3 700	1.2×10^6
18S rRNA	1 900	6.1×10^5
19S rRNA	1 700	5.5×10^5
5S rRNA	120	3.6×10^4
tRNA(大肠杆菌)	75	2.5×10^4

3. 常用核酸蛋白换算数据

(1)重量换算。

$1 \mu g = 10^{-6} g$；$1 pg = 10^{-12} g$；$1 ng = 10^{-9} g$；$1 fg = 10^{-15} g$。

(2)分光光度换算。

$1A_{260}$ 双链 DNA $= 50 \mu g/mL$；

$1A_{260}$ 单链 DNA $= 30 \mu g/mL$；

$1A_{260}$ 单链 RNA $= 40 \mu g/mL$。

(3)DNA 摩尔换算。

$1 \mu g$ 100 bp DNA $= 1.52$ pmol $= 3.03$ pmol 末端；

$1 \mu g$ pBR322 DNA $= 0.36$ pmol；

1 pmol 1 000 bp DNA $= 0.66 \mu g$；1 pmol pBR322 $= 2.8 \mu g$；

1 kb 双链 DNA(钠盐) $= 6.6 \times 10^5$ ku；

1 kb 单链 DNA(钠盐) $= 3.3 \times 10^5$ ku；

1 kb 单链 RNA(钠盐) $= 3.4 \times 10^5$ ku。

（4）蛋白摩尔换算。

100 pmol 分子质量 100 000 蛋白质＝10 μg；

100 pmol 分子质量 50 000 蛋白质＝5 μg；

100 pmol 分子质量 10 000 蛋白质＝1 μg；

氨基酸的平均分子质量＝126.7 ku。

（5）蛋白质/DNA 换算。

1 kb DNA＝333 个氨基酸编码容量＝$3.7×10^4$ MW 蛋白质；

10 000 MW 蛋白质＝270 bp DNA；

30 000 MW 蛋白质＝810 bp DNA；

50 000 MW 蛋白质＝1.35 kb；

100 000 MW 蛋白质＝2.7 kb DNA。

4. 常用蛋白质分子质量标准参照物（附表 17）

附表 17

高分子质量标准参照		中分子质量标准参照		低分子质量标准参照	
蛋白质	分子质量	蛋白质	分子质量	蛋白质	分子质量
肌球蛋白	212 000	磷酸化酶 B	97 400	碳酸酐酶	3 100
β-半乳糖苷酶 B	116 000	牛血清白蛋白	66 200	大豆胰蛋白酶抑制剂	21 500
磷酸化酶 B	97 400	谷氨酶脱氢酶	55 000	马心肌球蛋白	16 900
牛血清白蛋白	66 200	卵白蛋白	42 700	溶菌酶	14 400
过氧化氢酶	57 000	醛缩酶	40 000	肌球蛋白(F1)	8 100
醛缩酶	40 000	碳酸酐酶	31 000	肌球蛋白(F2)	6 200
		大豆胰蛋白酶抑制剂	21 500	肌球蛋白(F3)	2 500
		溶菌酶	14 400		

5. 常用蛋白质等电点(附表 18)

附表 18

蛋白质	等电点
鲑精蛋白	12.1
胸腺组蛋白	10.8
细胞色素 C	9.8~10.1
珠蛋白	7.5
血红蛋白(人)	7.07
肌红蛋白	6.99
胰岛素	5.35
血清白蛋白	4.7~4.9
胃蛋白酶	1.0 左右

参 考 文 献

1.张蕾,刘昱,蒋达和,等.生物化学实验指导.武汉:武汉大学出版社,2011.

2.杨荣武,李俊,张太平,等.高级生物化学实验.北京:科学出版社,2012.

3.王金亭,方俊.生物化学实验教程.武汉:华中科技大学出版社,2012.

4.萨姆布鲁克,拉赛尔.分子克隆实验指南.3版.北京:科学出版社,2002.

5.张龙翔,张廷芳,李令媛.生化实验方法与技术.北京:高等教育出版社,1997.

6.文树基.基础生物化学实验指导.西安:陕西科学技术出版社,1994.

7.吴冠芸,潘华珍.生物化学与分子生物学常用实验数据手册.北京:科学出版社,
  1999.